身につく

シュレーディンガー方程式

牟田 淳 著

F.B.S.
ファースト
ブック
STEP

技術評論社

はじめに

　本書は、高校程度の数式を前提として、数式をていねいに追いながら量子論を理解したい人のための本です。大学1、2年以上の学生、高校物理では物足りないと感じている意欲的な高校生や量子論に興味がある社会人などが対象です。

　自然科学の本は大きく分けて2種類あります。一つは数式を使わない本、そしてもう一つは数式を使う本です。数式を使わない本は、その分野の内容を大まかに理解する上で大変有用ですが、その後しっかり身につけるためにはきちんと数式を使う本が必要になります。しかしながら数式を使う本を読み始めてみると「数式が難しい」「式変形がわからない」などの理由で挫折してしまうケースがあることも確かです。

　本書は数式をていねいに追いながら量子論を理解し身につけるための本です。つまり、数式を使わない本と数式を本格的に使う本のあいだの橋渡し的な本です。一般書は飽きたけど本格的な本は難しいという人にもぴったりです。

　量子論を学んでいくと、必ず「シュレーディンガー方程式」と呼ばれる方程式に出会います。量子論を理解するためには、このシュレーディンガー方程式を理解し、さらにきちんと解き方を身につけていくことが必要なのです。そこで本書では典型的なシュレーディンガー方程式の意味をていねいに説明し、その解き方をくわしく式を追うことにより確実に身につけられるようにします。

　本書では高校物理などで学ぶ前期量子論から始まって、典型的なシュレーディンガー方程式の解法までを学びます。本書を通じて、量子論の世界をよりくわしく理解していきましょう。

　この本の作成において技術評論社の佐藤様には大変お世話になりました。この場を借りてお礼を申し上げます。

2014年12月　牟田　淳

Contents

第1章 光や電子は粒子か波か?
- 1.1 光は粒子であり波である? —— 8
- 1.2 前期量子論と原子のしくみ —— 16
- 1.3 電子は粒子であり波である? —物質波— —— 25

第2章 ミクロな物質とシュレーディンガー方程式
- 2.1 マクロな世界と運動方程式 —— 30
- 2.2 ミクロな世界と量子論の方程式、シュレーディンガー方程式 —— 35
- 2.3 ミクロな世界とマクロな世界の関係 —— 41

第3章 電子や光子の波の正体
- 3.1 2重スリットの実験 —— 44
- 3.2 確率解釈 —— 47
- 3.3 波の強さと規格化 —— 51
- 3.4 波の意味の解釈 —さまざまな状態の共存— —— 54

第4章 身近な波と波の方程式
- 4.1 楽器の音色と倍音 —— 60
- 4.2 波の方程式 —— 62
- 4.3 定在波と変数分離法 —— 68
- 4.4 境界条件と初期条件で解を求めよう —— 72
- 4.5 解の様子から倍音が求まった! —— 75
- 4.6 2次元の定在波 —— 77
- 4.7 前期量子論、シュレーディンガー方程式との比較 —— 84

第5章 シュレーディンガー方程式とミクロな世界に現れるさまざまなエネルギー
- 5.1 シュレーディンガー方程式を類推してみよう —— 88

5.2 変数分離法と時間に依存しない
シュレーディンガー方程式 ——————— 92
5.3 典型的なエネルギー ————————————— 95
5.4 角運動量と遠心ポテンシャルエネルギー ——— 99
5.5 束縛状態と非束縛状態 ————————————— 109

第6章 1次元シュレーディンガー方程式

6.1 井戸型ポテンシャルに閉じ込められた電子で学ぶ
シュレーディンガー方程式 ——————— 112
6.2 演算子と期待値 ————————————————— 122
6.3 演算子の固有関数 ——————————————— 131
6.4 交換関係 ——————————————————— 137
6.5 規格直交性 —————————————————— 138
6.6 シュレーディンガー方程式の解の性質 ———— 140

第7章 有限の深さの井戸型ポテンシャルに閉じ込められた電子

7.1 有限の深さの井戸型ポテンシャルの解の様子 —— 152
7.2 与えられたポテンシャルにおける状態の
大まかな様子 ————————————————— 166
7.3 演算子法による調和振動子問題の解法 ———— 170

第8章 ポテンシャルの山があるときの電子

8.1 粒子は壁をすり抜けられる？ ———————— 182
8.2 ポテンシャルの山があるときの
電子の様子とトンネル効果 —————————— 186

第9章 3次元シュレーディンガー方程式の解Ⅰ
（直交座標及びs波の場合）

9.1 直交座標3次元シュレーディンガー方程式の
解の様子 ——————————————————— 196

- **9.2** 極座標のシュレーディンガー方程式が必要なわけ —— 201
- **9.3** 直交座標から極座標への変換 —— 203
- **9.4** 極座標シュレーディンガー方程式と
  s波の場合の動径方向シュレーディンガー方程式 —— 207
- **9.5** 球対称な無限に深い井戸型ポテンシャルの場合 —— 215
- **9.6** 球対称な有限の深さの井戸型ポテンシャルの場合 —— 218

第10章 3次元シュレーディンガー方程式の解Ⅱ（角運動量がある場合）

- **10.1** 量子論における角運動量 —— 226
- **10.2** 極座標シュレーディンガー方程式 —— 242
- **10.3** 極座標シュレーディンガー方程式の解の
  大まかな様子 —— 246

第11章 代表的なポテンシャルと3次元シュレーディンガー方程式の解

- **11.1** 自由粒子の解 —— 256
- **11.2** 無限に深い井戸型ポテンシャルの解 —— 264
- **11.3** 電子スピンと多体問題 —— 267
- **11.4** 有限の深さの井戸型ポテンシャルの解 —— 274
- **11.5** 水素原子 —— 278

- ●参考文献 —— 291
- ●章末確認問題の解答 —— 292
- ●索引 —— 294

光や電子は粒子か波か?

　ミクロな世界には、分子や原子、原子核などがあります。このようなミクロな世界のしくみは、私達が普段目にしている世界と同じように理解することができるのでしょうか?

　例えば原子を考えてみましょう。私達はしばしば、原子は単純に原子核の周りを電子が回っていると考えるでしょう。しかしながら19世紀にミクロな原子の世界の研究が進んでいくにつれて、普段目にしている世界を説明する物理学では原子のしくみを全く説明できないことがわかってきました。それまでの物理学では、「原子核の周りを電子が回る」ということすら説明できなかったのです。

　ミクロな世界は私達が普段目にしている世界と同様には理解することはできません。ミクロな世界を理解するためには、全く新しい考え方が必要になるのです。その新しい考え方は「量子論」とよばれます[*1]。私達は身の回りの物理学とは異なった量子論を理解し、慣れていくことが必要なのです。

　本章では、量子力学が誕生するまでのいわゆる前期量子論とよばれる理論を学びます。前期量子論の内容の多くは高等学校などで学ぶ内容なので、高校物理の復習も兼ねています。前期量子論を通じて、量子論に慣れていきましょう。

[*1] 量子力学ともいう。量子論と量子力学はあまり区別されない。

1.1 光は粒子であり波である？

❖光は波としての性質を持つ

　高速道路のトンネルなどでは「ナトリウムランプ」とよばれる黄色い照明を見かけることがあります。ナトリウムランプとはその名の通り、ナトリウム原子から光が出る照明です。ミクロな世界では、ナトリウムランプのように原子から光が出てくることがあります。それでは何故、原子から光が出るのでしょう。そのしくみは本章で後ほど紹介しますが、原子から光が出るという事実から原子のしくみと光が深くかかわっていることが推測されます。そこで光の性質を調べることは、原子などのミクロな世界を大まかに理解するうえで重要な役割を果たすと考えられるかもしれません。

　実際、第1章で紹介する前期量子論では光が重要な役割を演じます。それでは光はどんな性質を持つのでしょう？　光は波としての性質を持つことが知られています。光の波としての性質に着目するとき、しばしば光を光波といいます。光の波としての詳しい説明は第3章でしますが、ここでは第1章で議論する上で必要な「原子のしくみを理解するための波としての光」についての最低限の知識を、2ページほどですが紹介しましょう。

❖虹に見る光の波長

　波を特徴づける量として波長があります。例えばナトリウムが出す黄色い光は波長が589.6nmと589nmの光です。ここで1nm（ナノメートル）は10億分の1m（$1\text{nm} = 10^{-9}\text{m}$）です。

　高校などで学ぶように、光波の波長は色と密接に関連することが知られてます（図1.1）。例えば虹は白い太陽光が水滴等に当たるとできますが、この虹の色は図のように光の波長の順番に並んでいるのです。380nm程度の紫色の光から波長が長くなるにつれて虹の青、緑、黄、橙、赤と変化し、780nm程度で人間の目には見えなくなります。人間の目に見える光を可視光といいます。

図1.1 虹と可視光の波長

❖見えない光と電磁波

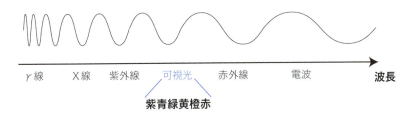

図1.2 光の波長に対応したさまざまな光（電磁波）の模式図

　紫よりも波長が短い光は、目には見えませんが紫外線とよばれます。紫外線も光の一種なのです。同じように赤よりも波長が長い光は、目には見えませんが赤外線とよばれます。

　このように光には目に見えない光がたくさんあります。紫外線よりも波長が短い光はX線とよばれます。さらに波長が短い光はγ線とよばれます[*2]。一方、赤外線よりも波長が長い光として電波があります。以上の光をまとめて模式的に描いた図が図1.2です。図1.2の光をまとめて、光は**電磁波**ともよばれます。

❖光の振動数

　波には**振動数**とよばれる量があります。これは文字通り1秒間に振動する数のことです。単位はHzで、10Hzは1秒間に10回振動する波を表します。
　長いロープの端を手で持って振動させると波ができます。ロープを速く

[*2] γ線は厳密には波長で決まるものではなく、原子核・素粒子から出てくる光をいうことが多い。

振動させて振動数を大きくすると、波は激しく動き波の波長は振動数とは逆に短くなります。一方でゆっくり振動させて振動数を小さくすると、振動数とは逆に波長は長くなります。このように波長と振動数は、片方が大きくなると片方は逆に小さくなる関係があります。この関係を具体的に数式で表すと波長λと振動数νは波の速さvを使って、

$$v = \lambda \nu \tag{1.1}$$

が成り立つことが知られています。式（1.1）は波について成り立つ一般式なので、この式を今議論している光の場合について光の振動数νを求めてみましょう。光の速さはしばしばcと書かれます。そこで光の波長λがわかると、光の速さをvのかわりにcと書くことにより光の振動数νは式(1.1)でvをcとおいて、

$$\nu = \frac{c}{\lambda} \tag{1.2}$$

と求めることができます。式（1.2）から光の波長λと振動数νのどちらかがわかると他方もわかります。そこで波を波長λで表す代わりに振動数νで表すこともあります。式（1.2）から波長λが短くなるほど振動数νが大きくなるので、図1.1の可視光の光を振動数で表すと赤色が振動数が小さく、橙、黄、緑、青、紫となるに従って振動数は大きくなります。

❖光電効果は光を波と考えると理解できない

　以上、「波としての光」を紹介してきましたが、それでは光は本当に波なのでしょうか？　光が波か否かを考える上で、歴史的にはこれから説明する光電効果とよばれる現象が重要な役割を果たしました。

　光電効果とは、物質に光を当てると物質が光を吸収して電子を出す（この電子を光電子といいます）現象です。このような現象を私達は身近に知っています。それは太陽電池です。太陽電池は光を当てると電子が流れて電流が生じます。光電効果はこれと似ていて光を当てると電子が飛び出してくるのです。光電効果は次のような特徴があります。

> ### 光電効果の特徴
>
> - 入射光の振動数がある振動数 ν_0（限界振動数という）より大きいときだけ光電子が出てくる。
> - 限界振動数 ν_0 の値は金属の種類によって決まり、光の強さにはよらない。
>
> ⊕ 原子核　＋の電荷
> ・ 電子　　－の電荷
>
>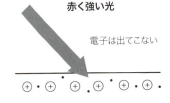
>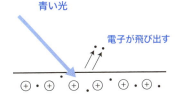
>
> **図1.3** 光電効果の特徴
> 入射光の振動数がある振動数 ν_0（限界振動数という）より大きいときだけ、光の強さに関係なく光が出てくる。図では振動数が小さい光（赤い光）の場合は電子は出てこないが、振動数が大きい光（青い光）の場合は電子が出てきている。ここで $\nu_{赤} < \nu_0 < \nu_{青}$ としている。

　これは図でいえば、例えば赤い光（振動数は小さい）の場合はどんなに強い赤い光を当てても電子は飛び出ないが、青い光（振動数は大きい）はどんなに弱い光を当てても電子が飛び出てくるというものです。

　この現象は光を単純な波と考えると理解できません。例えば波の大きさ（振幅）が大きい光波は、強い光波です。光は強くなればエネルギーは大きくなります。そのため単純に考えると、物質にあてる光を強くすればエネルギーが大きくなり、物質中から電子が飛び出してくるはずと考えられます。しかしながら、光電効果の特徴によれば、電子が飛び出すかどうかは光の強さではなく、光の振動数のみで決まってしまいます。このような現象は光を波と考えると到底理解できません。

❖ 光電効果は光が波と粒子の性質を持っていると考えると理解できる

アインシュタインは光電効果を、光波が粒子としての性質を持つとすれば理解できると考えました。

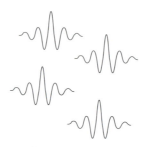

図1.4 アインシュタインの光量子仮説
光は1個、2個と数えられる波でできている。この1個1個の波を光子という。

今、光が図のように1個2個と粒子のようにカウントできるとしましょう。しかも、1個2個とカウントできる光の粒子（これを**光子**といいます）は振動数、波長をもっているとします。つまり、光は粒子としての性質と波としての性質を持っていると考えるのです。さらに、振動数（波長）を持つ光子は振動数（波長）に応じた次の式で与えられるエネルギーを持つとします。

$$E = h\nu \tag{1.3}$$

ここでhはプランク定数（$h = 6.63 \times 10^{-34} [\mathrm{J \cdot s}]$）とよばれる定数であり、Jはジュールでエネルギーの単位、sは秒で時間の単位です。式 (1.3) の結果は、振動数νが大きいほど大きなエネルギーEを持つことを意味します。例えば赤い光子よりも青い光子の方が大きなエネルギーを持ちます。

光電効果では光子1個が物質中に吸収されると、その光子1個のエネルギーの一部が電子が飛び出すのに必要なエネルギーに使われると考えます。今、金属中に束縛されている電子が外に飛び出すのに必要なエネルギーをWとしましょう。Wを**仕事関数**といいます。すると、外に出てくる電子の

運動エネルギー(の最大値)は光子のエネルギーから仕事関数Wを引いた、

$$\frac{1}{2}mv^2 = h\nu - W \tag{1.4}$$

になります。この式は1つの光子が1つの飛び出してくる電子と関係していることを示唆しています。

図1.5 光電効果
光子1個のエネルギーが電子が飛び出すエネルギーに使われる。

すると青い光子の場合は大きなエネルギー$h\nu$を持つので$h\nu - W > 0$となり電子が飛び出し、赤い光子の場合はエネルギー$h\nu$が小さいので$h\nu - W < 0$となり電子が飛び出さないことになります。このようにして光電効果の特徴が説明できました。

光電効果は光の振動数によって光電効果が起こるか否かが決まりますが、このように光の振動数が重要な例は他にもあります。例えば私達は紫外線を浴びると日焼けをしますが、紫外線よりも振動数の小さい可視光をいくら浴びても日焼けしません。

以上、光が波と粒子の性質を持つことを紹介しました。ここでこんな疑問を持つかもしれません。つまり、結局のところ光は波なの？ それとも粒子なの？ と。光電効果で紹介した光は、波長をもっているのですから普通の粒子ではありません。また、1個1個数えられるのですから普通の波ではありません。つまり、光は粒子か波かと二者択一的に考えるのではなく、光は粒子と波の両方の性質をもっている「何か」と考えていくしかないのです。

> **まとめ 光電効果と光子のエネルギー**
>
> 光は1個2個と数えられる粒子の性質をもち、かつ振動数（波長）といった波の性質を持つ。光の振動数をνとすると、1個の光子は、
>
> $$E = h\nu \tag{1.5}$$
>
> のエネルギーを持つ。ここでhはプランク定数（$h = 6.63 \times 10^{-34}$ [J·s]）とよばれる定数。

❖コンプトン効果

　ここで光の粒子性を説明する上でしばしば出てくる別の例として、**コンプトン効果**とよばれる現象を紹介しましょう。

　今、X線を物質に当てる実験を考えます。単純に考えると光が物質に当たるだけですから、同じ光が反射すると思うかもしれません。しかしながら実際は、入射したX線よりも波長の長い（振動数の小さい）X線が出てきます。簡単にいえばこれがコンプトン効果です。この現象はどのようにすれば説明できるでしょう？　実はコンプトン効果も光電効果と同じように、1個の光子を考えるとわかりやすくなります。

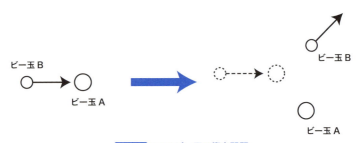

図1.6 2つのビー玉の衝突問題

　コンプトン効果を考えるために、今、図のように、静止したビー玉Aに別のビー玉Bを当てた場合を考えましょう。このとき、衝突後のビー玉A、ビー玉Bの速度はどうなるでしょうか？

これは、高校物理でしばしば出てくる典型的な力学の問題です。この問題は衝突の前後でエネルギーと運動量が保存することを仮定すると簡単に解くことができます。このとき、入射するビー玉Bのエネルギーと運動量の一部はビー玉Aに移るため、ビー玉Bのエネルギーと運動量は減少します。

これと同じように、コンプトン効果も物質中の電子にX線の光子が衝突すると考えると説明できます。

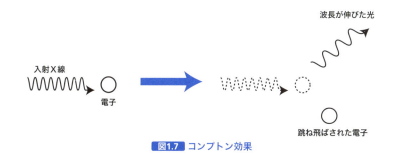

図1.7 コンプトン効果

コンプトン効果は図のように入射X線が電子に衝突し、入射X線のエネルギーと運動量の一部が図の跳ね飛ばされた電子に移り、X線のエネルギーと運動量が減少すると考えればいいのです。このとき光子のエネルギーは$h\nu$ですが、コンプトンは光子の運動量pが、

$$p = \frac{h}{\lambda} = \frac{h\nu}{c} \tag{1.6}$$

で与えられると仮定するとコンプトン効果が説明できるとしました。つまり、光子の運動量pとエネルギーEは次の式で与えられるとします。

$$\begin{cases} E = h\nu \left(= \dfrac{hc}{\lambda} \right) & (1.7a) \\[2mm] p = \dfrac{h}{\lambda} \left(= \dfrac{h\nu}{c} \right) & (1.7b) \end{cases}$$

ここで$c = \nu\lambda$の関係を使い、ν, λ両方で表してあります。式 (1.7) から波長の長い光子は運動量・エネルギーが小さい光子であることがわかります。ここから、コンプトン効果において入射したX線よりも波長の長い（振

動数の小さい)X線が出てくる理由は、X線の光子が電子と衝突して運動量・エネルギーをいくらか失ったため運動量・エネルギーが小さくなり、その結果波長λが長くなったと解釈することができます。

> **まとめ　光子のエネルギーと運動量**
>
> 光子のエネルギーE、運動量pは、
>
> $$E = h\nu \left(= \frac{hc}{\lambda}\right) \tag{1.8a}$$
>
> $$p = \frac{h}{\lambda} \left(= \frac{h\nu}{c}\right) \tag{1.8b}$$
>
> で与えられる。ここでhはプランク定数 ($h=6.63\times10^{-34}[\text{J}\cdot\text{s}]$) とよばれる定数。

また、式 (1.8) から光子の場合、

$$E = cp \tag{1.9}$$

という関係があることもわかります。

1.2　前期量子論と原子のしくみ

❖古典物理学と前期量子論、量子論

　光電効果とコンプトン効果の議論から、光は波としての性質を持つと同時に粒子としての性質を持つことを紹介しました。このような考え方は、それまでの物理学では全く説明できません。つまりそれまでの物理学ではミクロな世界の様子を全く説明できないのです。このような事情から、それまでのニュートン力学などの物理学はしばしば<u>古典物理学</u>や<u>古典論</u>などとよばれます。

　光が波と粒子の性質を同時に持つことを理解するためには、古典物理学

ではなく全く新しい考え方、新しい物理学が必要なのです。その新しい物理学として生まれた理論が第2章以降で紹介する量子力学（量子論）です。しかし、いきなり量子論が生まれたわけではなく、歴史的には古典物理学と量子論の橋渡し的な理論が生まれました。その橋渡し的な理論がこの章の光電効果からの理論であり、これらは前期量子論とよばれます。ただし、前期量子論の考え方は量子論の考え方とかなり重複している部分があるので、あまり区別せず「量子論」として議論を進める本もしばしばあります。

❖古典物理学では説明できない水素原子

20世紀初頭になると、ミクロな世界の原子のしくみが精力的に調べられました。原子はプラスの電気を持った原子核の周りを電子がくるくる回る（長岡―ラザフォードの原子模型）という原子模型も考えられました[*3]。これは、太陽の周りを惑星が回る様子と似ています。

しかしながら、この原子模型は直ちに困難に直面しました。電子が原子核の周りを回っているとすると、電子はその動く向きを絶えず変えていることになります。一般に、振動する電子など、電気を持った粒子（これを荷電粒子といいます）が動く向きを変えると、光を出します[*4]。

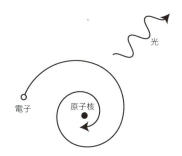

図1.8 古典物理学では原子のしくみを説明できない

そのため、原子核の周りを回る電子は原子核の周りを回る間は光を出しますが、光はエネルギーを持つので電子はどんどんエネルギーを失い図のように原子核に吸い込まれてしまうのです。結局、古典物理学では電子は原子核の周りを安定には回れないのです。それでは、原子のしくみはいったいどうなっているのでしょう？

---

*3 長岡半太郎の土星型原子模型をラザフォードが発展させた。
*4 正確にいえば、加速度を持った荷電粒子は光を出す。つまり、向きを変えなくても加速度があれば光を出す。

❖水素原子から出てくるとびとびの光

原子のしくみを考えるヒントとして、本章の最初に出てきた原子から出てくる光を詳しく調べてみましょう。

波長λ [nm]	光の色	n
656	赤	3
486	青緑	4
434	青	5
410	紫	6
…	…	…

表1.1 水素原子から出てくる光の波長

スイス人のバルマーは水素原子から出てくる可視光の光の波長を調べたところ、これらの光の波長λが表のように決まったとびとびの波長になっていることに着目し、それらの波長が次のようにある関係式を満たすことを発見しました。水素原子から出てくる光を表のように $n = 3, 4, 5, 6$ と対応させると、バルマーが発見した波長λが満たす関係式は、

$$\text{バルマー系列} \quad \frac{1}{\lambda} = \frac{\nu}{c} = R\left(\frac{1}{2^2} - \frac{1}{n^2}\right) \quad (n = 3, 4, 5, \cdots) \tag{1.10}$$

をみたします。ここで R はリュードベリ定数とよばれ、$R = 1.097 \times 10^7 \, [\text{m}^{-1}]$ です。この関係式 (1.10) を **バルマー系列** といいます（正確にはバルマーが発見した関係式をリュードベリが少し書き換えた式です）。

確認問題 $n=3$ のとき、バルマー系列の式が表の赤い光の波長 $656\,\text{nm}$ を満たすことを確認しましょう。

答え 式(1.10) より

$$\frac{1}{\lambda} = R\left(\frac{1}{4} - \frac{1}{9}\right) = \frac{5R}{36} \quad \therefore \lambda = \frac{36}{5R} = \frac{7.2}{1.097} \times 10^{-7}\,\text{m} \approx 6.56 \times 10^{-7} \cdot 10^9 \,\text{nm}$$

$$\approx 656\,\text{nm}$$

（ここで≈はだいたい等しいという記号）

水素原子から出てくる可視光の光がバルマー系列の式を満たすことは、古典物理学では全く説明することはできません。しかもその後、さらに水素から出てくる光には以下のようにさまざまな関係式を満たす光があることがわかりました。

ライマン系列　　$\dfrac{1}{\lambda} = \dfrac{\nu}{c} = R(\dfrac{1}{1^2} - \dfrac{1}{n^2})$ 　$(n = 2, 3, 4, \cdots)$ 　　(1.11)

パッシェン系列　$\dfrac{1}{\lambda} = \dfrac{\nu}{c} = R(\dfrac{1}{3^2} - \dfrac{1}{n^2})$ 　$(n = 4, 5, 6, \cdots)$ 　　(1.12)

さらに以上の水素から出てくる光の波長が満たすバルマー系列、ライマン系列、パッシェン系列の式をまとめると、

$$\dfrac{1}{\lambda} = \dfrac{\nu}{c} = R(\dfrac{1}{m^2} - \dfrac{1}{n^2}) \quad (n = m+1, m+2, m+3, \cdots) \quad (1.13)$$

とまとめることができます。ここで n, m は自然数です。このように水素原子から出てくる光はとびとびで、不連続な光です。これらは古典力学からは全く理解できません。それでは水素原子から出てくる光がとびとびで不連続な事実を、どのように理解すればいいのでしょうか？

❖ボーアの仮説

ボーアは水素原子から出て来る光がとびとびで規則性のある光であることを説明するために、大胆にも以下の2つの仮説をたてました。

▶ボーアの仮説 I

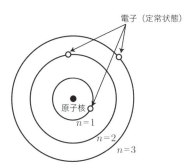

図1.9 ボーアの仮説I
電子は原子の中では定常状態とよばれる量子化条件を満たす状態にある。

原子中の電子は自由な軌道を動けるのではなく、「定常状態」とよばれるある決まった条件を満たす状態だけをとることができるとします。ここである決まった条件とは、**電子の角運動量の 2π 倍がプランク定数 h の自然数 n 倍に等しい**という条件であり、これを**量子化条件**といいます。ここで円運動をしている粒子の角運動量は円運動の半径×運動量で表されます。つまり円運動の半径を r、粒子の運動量を $p = mv$ として、

$$角運動量 = rp = mvr \tag{1.14}$$

で表されるので、円運動の場合に量子化条件を式で表すと、

$$量子化条件 \quad 2\pi \times 角運動量 = 2\pi \cdot mvr = nh \quad (n = 1, 2, 3, \cdots) \tag{1.15}$$

となります。ボーアの仮説Ⅰではこの条件を満たす状態を**定常状態**とよび、この状態にいるときは光を出さないと仮定するのです。定常状態の様子が図1.9に描かれています。たしかに n によって軌道がとびとびになっています。ここで量子化条件の式 (1.15) は、h を 2π で割った数を $\hbar = \frac{h}{2\pi}$ と書くことにすると[*5]式 (1.15) の両辺を 2π で割って、

$$量子化条件 \quad 角運動量 = mvr = n\hbar \quad (n = 1, 2, 3, \cdots) \tag{1.16}$$

と書くことができます（$\hbar$ は第2章以降でたびたび出てきます）。

　このように古典物理学では原子核の周りの電子は不安定ですが、ボーアの仮説Ⅰでは理由はともかく「電子は原子核の周りを量子化条件、式 (1.16) を満たすとびとびの軌道にいる間は、光を出さずに存在できる」と仮定したのです。次にボーアの2つ目の仮説を紹介します。

▶ボーアの仮説Ⅱ

　2つ目の仮説は次のようなものです。「電子がエネルギーの高い定常状態 E_n からエネルギーの低い定常状態 E_m に移るときに、そのエネルギー差の分のエネルギーを持った光子が生まれると仮定する。つまり、生まれる光子の振動数を ν とすると、光子のエネルギーは $h\nu$ ゆえ、

$$h\nu = E_n - E_m \tag{1.17}$$

[*5] $\hbar$ はエイチバーなどと読む。

の関係がある。」

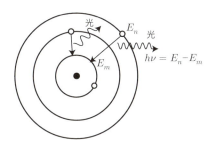

図1.10 ボーアの仮説 II
電子が定常状態をうつるとき、定常状態間のエネルギーの差の分だけエネルギーをもった光子が生まれる。

❖ ボーアの仮説から求まる定常状態

　それではボーアの仮説を使うと、水素から出てくるとびとびの光を説明できるのでしょうか？ まず、ボーアの仮説に出てくる定常状態を求めてみましょう。まず、原子の中にある電子の電荷を $-e$ と書くと、陽子はプラスの電荷を持つので、陽子の電荷は電子と逆の e となります。電子と陽子はマイナスとプラスの電荷を持つので互いに引き合いますが、この電荷をもった粒子間に働く力をクーロン力といい、電子・陽子間のクーロン力は $-\frac{e^2}{r^2}$ となります[*6]。また、クーロン力による位置エネルギーは5章で説明しますが、ここでは結果のみを書くと $-\frac{e^2}{r}$ となります。

　すると電子は原子核からクーロン力 $\frac{e^2}{r^2}$ で中心に引っ張られているので、電子の満たす運動方程式は単純に円運動の運動方程式を使って、

$$m\frac{v^2}{r} = \frac{e^2}{r^2} \tag{1.18}$$

となります[*6]。一方電子のエネルギーは運動エネルギー($\frac{1}{2}mv^2$) ＋クーロン力による位置エネルギー($-\frac{e^2}{r}$) を計算して、

$$E = \frac{1}{2}mv^2 - \frac{e^2}{r} \tag{1.19}$$

ですが、運動方程式 (1.18) の結果を使って m, v を消去するとエネルギーは、

[*6] 高等学校などではクーロン力は $\frac{1}{4\pi\epsilon_0}\frac{e^2}{r^2}$ と書かれることが多いが、量子論ではしばしばクーロン力を $\frac{e^2}{r^2}$ とする単位系が使われる。本書でも以下、クーロン力を $\frac{e^2}{r^2}$ とする単位系を用いることにする。また、本来は電子の質量として換算質量を使うべきだが、簡単のため省略する。

$$E = -\frac{e^2}{2r} \tag{1.20}$$

となります。ここで定常状態とはボーアの仮説Iの量子化条件を満たす状態なので、量子化条件を使って定常状態のエネルギーを計算してみましょう。ボーアの仮説Iの量子化条件の式（1.16）を2乗すると、

$$(mvr)^2 = (n\hbar)^2 \tag{1.21}$$

となります。この式からvを消していきましょう。運動方程式（1.18）の両辺にmr^3をかけると、

$$(mvr)^2 = mre^2 \tag{1.22}$$

と書けるので、式（1.22）を式（1.21）に代入すると、

$$mre^2 = (n\hbar)^2 \tag{1.23}$$

となり量子化条件の式からvが消えました。ここから軌道半径rが、

$$r_n = \frac{\hbar^2}{me^2} n^2 \tag{1.24}$$

と求まります。ここでnによりrが決まることからr_nと書きました。これを電子のエネルギーの式（1.20）に代入すると、

$$E_n = -\frac{e^2}{2r} = -\frac{e^2 me^2}{2n^2 \hbar^2} = -\frac{me^4}{2\hbar^2} \frac{1}{n^2} \tag{1.25}$$

となることがわかります。以上から、定常状態の半径r_n、エネルギーE_nは式（1.24、1.25）のように$n = 1, 2, 3, \cdots$によって変化するとびとびの値になっていることがわかります。

ここで、最も小さい軌道半径、つまり式（1.24）で$n = 1$と置いたときの半径$r_1 = \frac{\hbar^2}{me^2}$をボーア半径といい、ボーア半径$a = \frac{\hbar^2}{me^2}$などと書きます。ボーア半径は水素原子の半径の目安を与えます。

❖定常状態の具体的なエネルギー、半径の計算

式 (1.24)、(1.25) から具体的にエネルギー、半径を計算してみましょう。原子における電子のエネルギーを表す単位として、しばしばeV（電子ボルト）が使われます。1[eV] とは、電荷eを持つ粒子が電位差1[V]で加速されたときに得るエネルギーです。1[eV] を100万倍した1[MeV]（メガ電子ボルト）もよく使われます[*7]。つまり10^6[eV] = 1[MeV] です。ここでミクロな世界ではしばしば、

$$\hbar c = 197.323 \, [\text{eV} \cdot \text{nm}] \approx 200 \, [\text{eV} \cdot \text{nm}] \tag{1.26}$$

なる定数が使われるので、覚えておくと便利です。また、微細構造定数とよばれる、

$$\frac{e^2}{\hbar c} = \frac{1}{137} \tag{1.27}$$

なる定数もしばしば出てきます。もう1つ、電子の質量mはアインシュタインの$E = mc^2$の式を使って、

$$mc^2 = 0.511 \times 10^6 \, [\text{eV}] \tag{1.28}$$

となることが知られています。この3つの定数 $\hbar c, \frac{e^2}{\hbar c}, mc^2$ の値を使うと、さまざまな計算ができるので大変便利なことが知られています。まずエネルギーE_nは、

$$\begin{aligned} E_n &= -\frac{me^4}{2\hbar^2}\frac{1}{n^2} = -\frac{mc^2(e^2/\hbar c)^2}{2}\frac{1}{n^2} \\ &= -\frac{0.511 \times 10^6}{2 \times (137)^2}\frac{1}{n^2} \, [\text{eV}] \\ &= -\frac{51.1}{2 \times 1.37^2}\frac{1}{n^2} \, [\text{eV}] \approx -13.6 \, \frac{1}{n^2} \, [\text{eV}] \end{aligned} \tag{1.29}$$

と計算できます。軌道半径r_nも、

[*7] 原子核などで使われる。一方eVは原子などで使われる。

$$r_n = \frac{\hbar^2}{me^2}n^2 = \frac{(\hbar c)}{mc^2(e^2/\hbar c)}n^2$$
$$= \frac{197.323\,[\text{eV}\cdot\text{nm}]\times 137}{0.511\times 10^6\,[\text{eV}]}n^2 \approx 0.053n^2\,[\text{nm}] = 0.53n^2\,[\text{Å}]$$
(1.30)

と計算できました。ここで $1\,[\text{Å}] = 0.1\,[\text{nm}] = 10^{-10}\,[\text{m}]$ です。

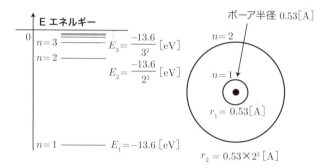

図1.11 とびとびのエネルギー準位と軌道半径

以上からエネルギー、軌道半径は図のようになります。とくに $n=1$ のときのボーア半径 a は、$a \approx 0.53\,[\text{Å}]$ です。また、$n=1$ のときのエネルギー $E_1 \approx -13.6\,[\text{eV}]$ も覚えておくとよいエネルギーです。

❖ボーアの仮説で水素から出てくる光が説明できた！

ボーアの仮説IIを使って水素原子から生まれる光のエネルギーを計算してみましょう。ボーアの仮説IIにおいて水素原子のエネルギーの式 (1.25) を使うと、$\hbar = \frac{h}{2\pi}$ を考慮して

$$h\nu = h\frac{c}{\lambda} = E_n - E_m = \frac{me^4}{2\hbar^2}\frac{1}{m^2} - \frac{me^4}{2\hbar^2}\frac{1}{n^2}$$
$$\frac{1}{\lambda} = \frac{me^4}{4\pi c\hbar^3}\left(\frac{1}{m^2} - \frac{1}{n^2}\right)$$
(1.31)

となるので、リュードベリ定数を $R = \frac{me^4}{4\pi c\hbar^3}$ と置くと、バルマー系列を含めた水素原子から出てくる光の式 (1.13) を再現することがわかります。こ

のようにして、ボーアの仮説によって見事に水素原子の光の性質を説明することができました！

確認問題 リュードベリ定数Rを具体的に計算してみましょう。

答え $\hbar c = 197 \text{ [eV} \cdot \text{nm]} = 197 \times 10^{-9} \text{ [eV} \cdot \text{m]}$ を使って

$$\begin{aligned}
R &= \frac{me^4}{4\pi c \hbar^3} = \frac{mc^2(e^2/\hbar c)^2}{4\pi \hbar c} \\
&= \frac{0.511 \times 10^6 \text{ [eV]}}{137^2 \times 4\pi \times 197 \times 10^{-9} \text{ [eV} \cdot \text{m]}} \\
&= \frac{0.511 \times 10^{6-4-2+9}}{4\pi \times 1.37^2 \times 1.97} \text{ [m}^{-1}] = 1.10 \times 10^7 \text{ [m}^{-1}]
\end{aligned} \quad (1.32)$$

となり、実際の値$R = 1.097 \times 10^7 \text{[m}^{-1}]$と非常に近い値が得られた。

1.3 電子は粒子であり波である？ —物質波—

❖物質波

　本章において波として考えられていた光は、光電効果やコンプトン効果等、光子という粒子としての性質も持つことを学びました。それならば同じような類推で、私達が普段は粒子と考えている電子などの物質も、波としての性質を持つとは考えられないでしょうか？

　フランスのド・ブロイは光子について成り立つ関係$E = h\nu$, $p = \frac{h}{\lambda}$ が、電子などの**物質粒子**についても成り立つと考えました。つまり、エネルギーE、運動量pを持つ電子などの物質粒子は、

$$\begin{cases} E = h\nu & (1.33\text{a}) \\ p = \dfrac{h}{\lambda} & (1.33\text{b}) \end{cases}$$

を満たす振動数 ν、波長 λ を持つと考えたのです。これらの式（1.33）は、電子などの物質粒子が粒子だけでなく波の性質を持つことを意味します。電子などの物質粒子が式（1.33）で与えられる波の性質を持つ様子を**物質波**もしくは**ド・ブロイ波**といいます。この物質波の考え方は、後述のシュレーディンガー方程式の考え方につながっていく大変重要な考え方です。このように量子論においては、光や物質粒子などさまざまな対象が「波と粒子の性質を持つ」と考えるのです。

物質波のエネルギーと運動量

エネルギー E、運動量 p を持つ電子、陽子、中性子ほか物質粒子は

$$\begin{cases} E = h\nu & (1.34\text{a}) \\ p = \dfrac{h}{\lambda} & (1.34\text{b}) \end{cases}$$

なる波長 λ、振動 ν を持つ。これを物質波という。ここで h はプランク定数（$h = 6.63 \times 10^{-34}\,[\text{J}\cdot\text{s}]$）とよばれる定数。

❖ボーアの量子化条件と物質波

ここで物質波の式（1.34）を使って先ほどのボーアの量子化条件を変形してみると、面白いことがわかります。定常状態における量子化条件の式（1.15）において、運動量 $p = mv$ に物質波の式 $p = \frac{h}{\lambda}$ を使うと、

$$\begin{aligned} (mv)r2\pi &= nh \\ \to \left(\frac{h}{\lambda}\right)r2\pi &= nh \end{aligned} \quad (1.35)$$

ここから直ちに、

$$2\pi r = n\lambda \quad (1.36)$$

と簡単な式が出てきます[*8]。

[*8] 高校などではしばしば簡単のため、この式がボーアの量子化条件の式として出てくる。

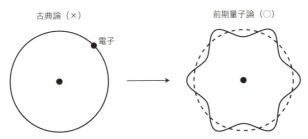

図1.12 古典論の電子のようす(×)と定常状態における量子化条件を電子の物質波で解釈した図(○)
定常状態では電子の物質波が軌道を1周してうまくつながっている。

　この式は、図のように量子化条件を満たす定常状態では電子の物質波の波長λの整数n倍が軌道の円周の長さ$2\pi r$になっていると解釈することができます。言い換えると、図のように電子の物質波が軌道を1周してうまくつながる波が量子化条件を満たす定常状態の波であると解釈することができます。

　本章では原子の中では電子が原子核の周りをくるくる回転軌道に沿って回っているという日常の感覚に沿った解釈から、物質波とボーアの量子化条件を使うと電子が波として振る舞い、その波は回転軌道に沿った波でありかつ1周すると元に戻る波であると解釈したことを学びました。この解釈がどれくらい正しいかは2章以降で学んでいきます。

　また本章では簡単のため、回転軌道に沿った波のみを紹介しましたが、回転軌道とは別の方向の波も考えられます。例えば原子核の中心から外側への波などがあるかもしれない、と考える人もいるかもしれません。これらについても本書で後ほど具体的に説明していきます。

章末確認問題

1. 光が粒子としての性質を持つ現象を2つ説明せよ。それら2つの現象において、粒子としての性質はどこに見られるか？
2. ボーアの仮説とは？
3. 量子化条件を物質波の立場から解釈せよ。

ミクロな物質と
シュレーディンガー方程式

　第1章で指摘したように、電子や光が粒子と波の2重性を持つことや水素原子からとびとびの波長の光が出てくることは古典力学では説明できず、量子論という新しい力学が必要になるのでした。それでは量子論とはいったいどんな理論なのでしょう？

　ここではまず、古典力学と量子論の違いをざっと理解しましょう。比較のために古典力学の満たす方程式と考え方を復習し、そして量子論の満たす方程式を紹介します。

2.1 マクロな世界と運動方程式

❖マクロな世界の運動方程式

　私達の体やボール、飛行機、地球など、小さくない世界をマクロな世界といいます。このマクロな世界で成り立つ運動法則を復習しておきましょう。手に持ったボールを静かに放すと、ボールは地面に落下していきます。これはボールに重力という力が働いているからです。このように、ある物体に力が働くと物体はその方向に加速度を生じ運動の様子を変えます。これを数式にしたものがいわゆる高校で学ぶ**運動方程式**であり、数式で書くと、

$$ma = F \tag{2.1}$$

となります。ここでmは質量、aは加速度、Fは力です。加速度は速度を微分したもの（$a = \frac{dv}{dt}$）であり、速度は位置を微分したもの（$v = \frac{dx}{dt}$）なので、加速度は位置を2階微分したものになります。そこで$a = \frac{d^2x}{dt^2}$と書けるので運動方程式 (2.1) は、

$$m\frac{d^2x}{dt^2} = F \tag{2.2}$$

となります。ただし私達の住んでいる世界は縦横高さのある3次元空間の世界なので、一般には運動方程式は方向と大きさを持つ3次元ベクトルで表されます。つまり3次元空間における運動方程式は、xを3次元ベクトル$\vec{x}$、Fを$\vec{F}$と置き換えて、

$$m\frac{d^2\vec{x}}{dt^2} = \vec{F} \tag{2.3}$$

となります。

❖運動量と運動方程式

　運動方程式は以下のように運動量を使って書くこともできます。$p = mv = m\frac{dx}{dt}$と置くと、

$$m\frac{d^2x}{dt^2} = \frac{d^2(mx)}{dt^2} = \frac{d}{dt}\left(m\frac{dx}{dt}\right) = \frac{d}{dt}p = F \tag{2.4}$$

つまり、運動量pを用いて運動方程式は、

$$\frac{dp}{dt} = F \tag{2.5}$$

と書くことができます。運動量を使って表された運動方程式(2.5)は第6章に出てきます。

❖運動方程式から物体の動きがわかる

運動方程式(2.1)から、物体に働く力がわかると物体の加速度aが求まります。つまり、運動方程式とは物体の加速度を求める方程式なのです。加速度とは単位時間当たりの速度変化率、つまり速度の時間変化の様子のことですから、ある時点での速度と位置がわかると、その後の速度もわかり、位置もわかるようになります。ここから、**運動方程式とは未来を計算する方程式**といえます。

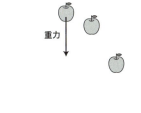

図2.1 運動方程式を解くと未来が計算できる

例えば高校物理などで学ぶように、図のりんごに働く力F(重力)を運動方程式(2.1)に代入して解くと、りんごの加速度が$a = \frac{F}{m}$と求まり、加速度が求まるのでりんごの未来(動き)が計算できるのです[*1]。このように、運動方程式から物体の未来(動き)がわかるのです。古典物理学ではこの運動方程式に加えて、慣性の法則、作用反作用の法則を加えた3つの法則を**ニュートンの運動の法則**といい、この3つの法則で運動の全てが決まると考えるのです。

[*1] 放物運動する。

> **ニュートンの運動の3法則**
>
> マクロな世界の運動はニュートンの運動の3法則
>
> - 慣性の法則
> - 運動方程式 $m\frac{d^2x}{dt^2} = F$
> - 作用反作用の法則
>
> で決まる。

❖エネルギーと力

 力学の世界では「エネルギー」といった量が重要な役割を果たすことが知られています。しかも後に紹介しますが、エネルギーは量子論において、大変重要な役割を果たすことが知られています。そこで、簡単にエネルギーについても復習しておきましょう。まず、エネルギーは運動エネルギーと位置エネルギー(Potential energy、ポテンシャルエネルギー)の和、

$$\text{エネルギー} = \text{運動エネルギー} + \text{位置エネルギー} \tag{2.6}$$

で与えられます。ここで高校等ではしばしば位置エネルギーという言葉を使いますが、量子論ではしばしばポテンシャルエネルギーという言葉を使っているようです。本書でも量子論を議論するときはポテンシャルエネルギーという言葉を使います。運動エネルギーは $\frac{1}{2}mv^2 = \frac{(mv)^2}{2m} = \frac{p^2}{2m}$ と運動量を用いて表すことができるので位置エネルギーを V と書くと、エネルギー E は運動量 p を用いて、

$$E = \frac{p^2}{2m} + V \tag{2.7}$$

と書けます。この式は第6章で利用します。

❖力と位置エネルギーの関係

 それでは位置エネルギーはどのようにして求まるのでしょう？ 例として地球上の重力による位置エネルギーを考えてみましょう。

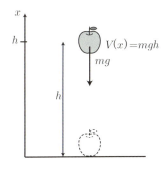

図2.2 位置エネルギー

　図のように、質量mの物体に働く重力はgを重力加速度としてmgです。重力に逆らってこの物体をhの高さに持ち上げると、物体は重力の位置エネルギーを持ちます。ここで物体が得る重力による位置エネルギーは「重力mg×重力に逆らって動いた距離$h=mgh$」に関係していると考えられます。実際、重力による位置エネルギーはmghです。

　これを重力以外にも使えるよう、式で一般化して表しておきましょう。位置エネルギー$V(x)$とは、力Fに逆らってxだけ座標が変化したとき、

$$V(x) = -Fx \tag{2.8}$$

で与えられます。力に逆らった向きに動くのでマイナス（−）がついています。図2.2でいえば、上向きが正の向きとしているので、$x=h$、$F=-mg$となり、$V(x)=-(-mg)h=mgh$となります。力Fが一定でないときも含めて一般化すると、位置エネルギーを計算する式(2.8)は積分になり、

$$V(x) = -\int_0^x F dx \tag{2.9}$$

となります。

❖位置エネルギーと力の関係

　先ほど力から位置エネルギーを求めましたが、逆に位置エネルギーから力を求めることもできます。

$$V(x) = -\int_0^x F dx \tag{2.10}$$

を微分すると、微積分学の基本定理より、$\frac{dV(x)}{dx}=-F$ となるので

$$F=-\frac{dV(x)}{dx} \tag{2.11}$$

となります*²。ここで $\frac{dV(x)}{dx}$ は $V(x)$ のグラフの傾きを表すので、位置エネルギー $V(x)$ のグラフを書いたとき、力は位置エネルギーが小さくなる方向に働き、その力の大きさはグラフの傾きの大きさになることがわかります。

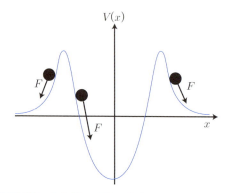

図2.3 位置エネルギーの図から力が大まかにわかる
傾きが大きいほど大きな力が働く。ただし、力は x 方向に働くので、実際には図のようにななめ方向に働くわけではない。

よって、位置エネルギーの図を描くと、図のようにどちらにどのような力が働いているかが直感的に理解できるのです。この位置エネルギーと力の関係は第5章以降でしばしば利用します。

また、式(2.11)から運動方程式 $\frac{dp}{dt}=F$ は、

$$\frac{dp}{dt}=-\frac{dV(x)}{dx} \tag{2.12}$$

となります*³。

---

*2 以上は1次元の場合だが、3次元の場合は $\vec{F}=-\nabla V(x)=-(\frac{\partial V}{\partial x},\frac{\partial V}{\partial y},\frac{\partial V}{\partial z})$ である。ここで ∇ は"ナブラ"と読み、$\nabla=(\frac{\partial}{\partial x},\frac{\partial}{\partial y},\frac{\partial}{\partial z})$ である。

*3 3次元の運動方程式は $m\frac{d^2\vec{x}}{dt^2}=\frac{d\vec{p}}{dt}=-\nabla V(\vec{x})$ となる。

2.2 ミクロな世界と量子論の方程式、シュレーディンガー方程式

❖粒子の動きから波の動きへ

図2.4 古典論：粒子の動き　量子論：波の動き

前節においてマクロな世界では運動方程式が成り立つことを学びましたが、それでは電子などのミクロな世界では運動方程式のかわりに、どんな方程式が成り立つのでしょうか？

今、図2.4左図には古典的粒子が進む様子が描かれています。しかし、左図は実際の電子の様子とは違います。第1章で見てきたように、量子論では電子は波としての性質を持ちます。そこで電子が動いている様子は電子を波と考えると、右図のように電子の波が進んでいる様子として表されると考えられます。すると、電子などのミクロな世界で成り立つ方程式の候補としてはまず、波に関する方程式が考えられます。そこで以下、波に関する方程式の概要を学んでいきましょう。

❖速度 v で進む波

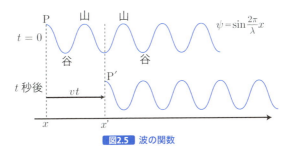

図2.5 波の関数

ミクロな世界の波を考える前に、まずは復習を兼ねて身近な世界で波が速度vで動く様子を式で表しておきましょう。速度vで進む波の式は高等学校などで学ぶように以下のように導出できます。

速度vで進む波の式を考えるために、まず時刻$t=0$における波を調べ、そのあとで一般の時刻tにおける波を調べましょう。時刻$t=0$において、前の図のように波が三角関数、

$$\psi = \sin\frac{2\pi}{\lambda}x \tag{2.13}$$

で与えられているとします。これはxがλ増えるごとに$\sin$の中が2π増えるので、波長λの波を表します。また、波を表すのにはしばしばψやϕなどのギリシア文字を使ったり、R, uなどのアルファベットが使われます。図の山や谷とある、波の高いところや低いところをそれぞれ波の山、波の谷といいます。

時刻$t=0$において波の任意の部分Pの座標を図のようにxとします。このとき、波は式（2.13）で表されます。時刻tに時間が進むとvtだけ波が進んでPは、

$$x' = x + vt \tag{2.14}$$

に動いたとします。xが$t=0$における座標でx'が一般の時刻tにおける座標です。式（2.13）は$t=0$における波の式なので、この式を$t=0$における座標xについて解くと、

$$x = x' - vt \tag{2.15}$$

となります。これを$t=0$におけるxが満たす波の式(2.13)に代入すると、

$$\psi = \sin\frac{2\pi}{\lambda}x = \sin\frac{2\pi}{\lambda}(x' - vt) \tag{2.16}$$

となり、一般の時刻tにおける波の式、つまり速度vで進む波の式が求まりました[*4]。あらためてx'をxとおくと、速度vで進む波の式は、

[*4] この方法はグラフの移動などでしばしば高校で学ぶありふれた方法である。

$$\psi = \sin \frac{2\pi}{\lambda}(x - vt) \qquad (2.17)$$

と表されます。さて、速度 v で進む波の式 (2.17) において、ν を振動数として、

$$k = \frac{2\pi}{\lambda},\ \omega = 2\pi\nu \qquad (2.18)$$

なる式を定義すると便利です。k は**波数**、ω は**角振動数**とよばれます。波数、角振動数を使うと速度 v で進む波の式 (2.17) は $v = \nu\lambda$ の関係を使って、

$$\psi = \sin(kx - \omega t) \qquad (2.19)$$

と書くことができます。ここで $\sin(\theta + 90°) = \sin(\theta + \frac{\pi}{2}) = \cos\theta$、つまり $\cos\theta$ は $\sin\theta$ を $\frac{\pi}{2}$ ずらした式にすぎないので、同じように $\psi = \cos(kx - \omega t)$ も速度 v で進む波の式です。

❖ 身近な波動方程式

それでは次に波の方程式を紹介しましょう。波の方程式の導出は第4章で詳しく説明しますが、ここでは結果のみを紹介します。速度 v で進む波の式 $\psi = \sin(kx - \omega t)$ ほか普通の身近な波が満たす方程式は、第4章でも示すように**波動方程式**とよばれる次の方程式で表されることが知られています。

$$\frac{\partial^2 \psi}{\partial t^2} = v^2 \frac{\partial^2 \psi}{\partial x^2} \qquad (2.20)$$

ここで簡単のために、1次元の場合を考えています。また、∂ なる記号が出てきましたが、1変数の場合は微分といい、"d" を使い、2変数以上の場合は "∂" を使います。"∂" は注目している変数以外は固定して考え、これを偏微分といいます。例えば式 (2.20) の左辺では t のみ動かし、右辺では x のみ動かしています。

波動方程式に慣れるために、先ほど求めた速度 v で進む波の式 (2.19) が波動方程式を満たすことを確認しておきましょう。速度 v で進む波の式 (2.19) を波動方程式 (2.20) に代入すると、

$$\text{左辺} = \frac{\partial^2 \psi}{\partial t^2} = \frac{\partial}{\partial t}(-\omega\cos(kx-\omega t)) = (-\omega)^2(-\sin(kx-\omega t)) = -\omega^2 \sin(kx-\omega t) \tag{2.21}$$

$$\text{右辺} = v^2 \frac{\partial^2 \psi}{\partial x^2} = -k^2 v^2 \sin(kx-\omega t) = -\omega^2 \sin(kx-\omega t) = \text{左辺} \tag{2.22}$$

と確かに左辺＝右辺となり、式（2.20）が成り立っていることがわかります。式（2.22）の計算で式（2.18）と式（1.1）を使って$kv = \frac{2\pi}{\lambda}v = 2\pi\frac{v}{\lambda} = 2\pi\nu = \omega$となることを使っています。以上から確かに速度$v$で進む波の式（2.19）は波動方程式（2.20）を満たすことがわかりました。

❖量子論の波動方程式、シュレーディンガー方程式

今度は電子の波の満たす方程式を紹介します。ただしその前に先ほど速度vで進む波のところで**波数** $k = \frac{2\pi}{\lambda}$、**角振動数** $\omega = 2\pi\nu$を学んだので、第1章の式（1.34）も波数、角振動数で表しておくと便利です。第1章の式（1.34）の運動量、エネルギーはそれぞれ$\hbar = \frac{h}{2\pi}$を使って、

$$\begin{cases} p = \frac{h}{\lambda} = \frac{h}{2\pi}\frac{2\pi}{\lambda} = \hbar k & (2.23a) \\ E = h\nu = \frac{h}{2\pi}2\pi\nu = \hbar\omega & (2.23b) \end{cases}$$

と波数kと角振動数ωを使って表すことができます。

物質波のエネルギーと運動量

物質波のエネルギーと運動量は、波数$k = \frac{2\pi}{\lambda}$、角振動数$\omega = 2\pi\nu$を使って

$$\begin{cases} p = \hbar k & (2.24a) \\ E = \hbar\omega & (2.24b) \end{cases}$$

と書ける。

電子の波の満たす方程式は第5章で詳しく学びますが、第2章では全体像を見るため結果のみ紹介します。今、簡単のために電子が外から力を受

けない場合（このような力を受けない粒子を**自由粒子**といいます）を考えます。自由粒子ではエネルギーは運動エネルギーそのものになるので、$E = \frac{mv^2}{2} = \frac{(mv)^2}{2m} = \frac{p^2}{2m}$ が成り立ちます。この式 $E = \frac{p^2}{2m}$ に式（2.24）の $E = \hbar\omega$ と $p = \hbar k$ を使うと

$$\hbar\omega = \frac{\hbar^2 k^2}{2m} \tag{2.25}$$

が成り立ちます。このとき電子の満たす方程式は、波動方程式（2.20）の代わりに、

$$i\hbar\frac{\partial\psi}{\partial t} = -\frac{\hbar^2}{2m}\frac{\partial^2\psi}{\partial x^2} \tag{2.26}$$

であることが知られています。この式を**自由粒子のシュレーディンガー方程式**といいます。波動方程式（2.20）との主な違いは時間 t に関する微分が2階微分でなく、1階微分になっていること、虚数単位 i が方程式にあることなどです。この方程式も第5章から具体的に解いていきますが、波を表すことができます。ただし、方程式に複素数があるので、複素数の波、

$$\psi = \cos(kx - \omega t) + i\sin(kx - \omega t) \tag{2.27}$$

を考えてみましょう。この式はオイラーの公式 $e^{ix} = \cos x + i\sin x$ を使うと、

$$\psi = \cos(kx - \omega t) + i\sin(kx - \omega t) = e^{i(kx-\omega t)} \tag{2.28}$$

と書くことができます。この式を自由粒子のシュレーディンガー方程式（2.26）に代入すると、

$$左辺 = i\hbar\frac{\partial e^{i(kx-\omega t)}}{\partial t} = i\hbar(-i\omega)e^{i(kx-\omega t)} = \hbar\omega e^{i(kx-\omega t)} \tag{2.29}$$

$$右辺 = -\frac{\hbar^2}{2m}\frac{\partial^2 e^{i(kx-\omega t)}}{\partial x^2} = -\frac{\hbar^2}{2m}(ik)^2 e^{i(kx-\omega t)} = \frac{\hbar^2 k^2}{2m}e^{i(kx-\omega t)} \tag{2.30}$$

となるので、$\frac{\hbar^2 k^2}{2m} = \hbar\omega$ であれば等式が成り立つことになりますが、式（2.25）より確かに等式が成り立っていることがわかります。

❖シュレーディンガー方程式

　先ほどの自由粒子のシュレーディンガー方程式は力が働いていない電子の場合でした。それでは力が働いている場合はどうなるのでしょう？　シュレーディンガー方程式には運動方程式と異なり、力は直接には入ってきません。そのかわり、力から計算される位置エネルギー$V(x)$が入ってきます。ここでも理由は第5章で学ぶとして結果のみを紹介することにすると、この位置エネルギーを使った1次元シュレーディンガー方程式は以下のようになります。

$$i\hbar\frac{\partial \psi}{\partial t} = -\frac{\hbar^2}{2m}\frac{\partial^2 \psi}{\partial x^2} + V(x)\psi \qquad (2.31)$$

　この式で$V(x)=0$とするとすでに紹介した自由粒子のシュレーディンガー方程式（2.26）になります。ただしこの式（2.31）は空間1次元のシュレーディンガー方程式です。私達が住んでいる空間は縦横高さの3次元空間です。そこで1次元シュレーディンガー方程式を3次元に拡張すると、

$$i\hbar\frac{\partial \psi}{\partial t} = -\frac{\hbar^2}{2m}\left(\frac{\partial^2 \psi}{\partial x^2} + \frac{\partial^2 \psi}{\partial y^2} + \frac{\partial^2 \psi}{\partial z^2}\right) + V(x,y,z)\psi \qquad (2.32)$$

となります。この方程式が、古典論における運動方程式にとって代わる、量子論におけるシュレーディンガー方程式です。また、シュレーディンガー方程式は電子に限らず、陽子、中性子など質量mの物質粒子の場合にも成り立ちます。

量子論のシュレーディンガー方程式

量子論における電子の満たす方程式はシュレーディンガー方程式とよばれる以下の方程式である。

$$i\hbar\frac{\partial \psi}{\partial t} = -\frac{\hbar^2}{2m}\left(\frac{\partial^2 \psi}{\partial x^2} + \frac{\partial^2 \psi}{\partial y^2} + \frac{\partial^2 \psi}{\partial z^2}\right) + V(x,y,z)\psi \qquad (2.33)$$

この方程式に慣れ、方程式から求まる代表的ないくつかの波の様子を明らかにすることが本書の主要目的です。

2.3 ミクロな世界とマクロな世界の関係

これまでマクロな世界の古典的粒子の運動を記述する運動方程式と、ミクロな世界の電子などの質量mの物質の波を記述するシュレーディンガー方程式を紹介してきました。ミクロな世界とマクロな世界では一見すると全く異なる世界のように見えるかもしれません。マクロな世界とミクロな世界は何かつながりがあるのでしょうか？

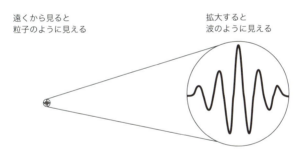

図2.6 ミクロな世界とマクロな世界の関係

今、図2.6右図のようにミクロな世界の電子の波があるとします。この波をマクロな世界から見て見るとどうなるでしょう？すると、波は、左図のようにほぼ一点にあるように見えます。これは、私達が持つ粒子に対する考え方に非常によく似ています。つまり、マクロな世界では粒子（点）に見えていたものが、拡大してミクロな世界に行くにつれて細かい様子がわかるようになり、波としての性質が顕著になっていくのです。

波としての性質が顕著になる1つの目安が $p = \frac{h}{\lambda}$ から求まる波長λです。1つの目安として、波長よりも充分大きい大きさからみると左図のように粒子のように振る舞い、波長程度もしくはそれ以下になると右図のように

波としての性質が強くなると考えるといいでしょう。

> ### ミクロとマクロの関係
> - 考えている大きさが波長程度もしくはそれ以下のとき、波としての性質が強くなる。
> - 考えている大きさが波長より充分大きいとき、波は1点にあるように見え古典的粒子としての性質が強くなる。

本章ではマクロな世界は運動方程式など運動の三法則が支配し、ミクロな世界ではシュレーディンガー方程式が支配することを学びました。比較すると、以下のようになります。

古典力学	量子論
マクロな世界の運動はニュートンの運動の三法則 ● 慣性の法則 ● 運動方程式 $m\frac{d\vec{p}}{dt} = \vec{F}$ ● 作用反作用の法則 で決まる。	ミクロな世界では物質は波で表される。波 $\psi(x, y, z)$ はシュレーディンガー方程式、 $$i\hbar \frac{\partial \psi}{\partial t} = -\frac{\hbar^2}{2m}\left(\frac{\partial^2 \psi}{\partial x^2} + \frac{\partial^2 \psi}{\partial y^2} + \frac{\partial^2 \psi}{\partial z^2}\right) + V\psi$$ を満たす。

それでは運動方程式とシュレーディンガー方程式に何らかの関係はあるのでしょうか？ 両者の関係は第6章で議論しましょう。

章末確認問題

1. 力 F とポテンシャルの関係式を書け。
2. 速度 v で進む波の式を書け。
3. 波動方程式を書け。
4. シュレーディンガー方程式を書け。

第3章

電子や光子の波の正体

　これまでに物質や光は波としての性質を持つと同時に粒子としての性質を持つことを紹介しました。それではこの波の正体とは一体何でしょう？この章では電子や光子の波の正体を調べてみましょう。

3.1 2重スリットの実験

❖光は波 ―ヤングの実験―

本章では、物質や光が波としての性質を持つと同時に粒子としての性質を持つことの物理的な意味を、より詳しく理解してみましょう。その下準備として、「ヤングの実験」を紹介します。ヤングの実験は簡単には以下の図で表されます。

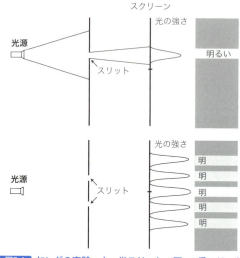

図3.1 ヤングの実験　上：単スリット、下：2重スリット

今、図のように光が細い隙間（スリットという）を通って後のスクリーンに到達する状況を考えます。図3.1上図のようにスリットが1つ（単スリット）の時は、大まかにはスリットから出た光が拡がってスクリーンに届きます。ところが高等学校などで学ぶように、図3.1下図のようにスリットが2つある場合はスクリーンに強いしま模様ができるのです。この2つのスリットを使ったこの種の実験は2重スリットの実験といいますが、それでは何故、2重スリットの場合は強いしま模様ができるのでしょう？

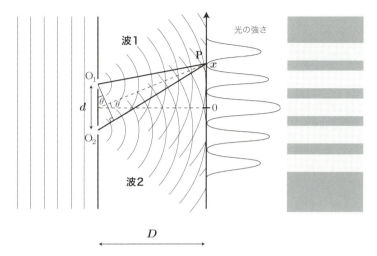

図3.2 ヤングの実験を光の波の立場から見た図

　これは、光を波として考えると理解できます。2重スリットの実験では図のように2つの光波がスリットから出ています。2つの波1と波2がぶつかった時にできる波は、単なる足し算、

$$波1 + 波2 \tag{3.1}$$

となります。これを波の重ね合わせといいます。このため、例えば2つの波がぶつかった時、2つの波の山どうし、もしくは谷どうしがぶつかったときは山＋山、谷＋谷で波は強めあい2倍の大きな波になります。これは図の場合、スリットから出た2つの波が波長λの整数倍ずれてぶつかった場合におこります。図で明るくなっている部分は2つの波が波長λの整数倍ずれてぶつかり光の波が強め合い、光の波が強くなっているのです。

　それではヤングの実験において、図のような縞模様を具体的に計算して再現してみましょう。これは典型的な高校物理の問題です。図のようにスリットの間隔をd、スリットからスクリーンまでの距離をD、スクリーン中央からの距離をxとすると、P点において2つのスリットからの光が強めあう条件はそれぞれのスリットO_1P, O_2Pからの距離の差が波長の整数倍ずれていることです。よってmを整数として、

$$|O_1P - O_2P| = m\lambda \tag{3.2}$$

となります。ここで $|O_1P-O_2P|$ は図より、

$$|O_1P - O_2P| = d\sin\theta \approx d\frac{x}{D} \tag{3.3}$$

となります。式 (3.2)、(3.3) から $m\lambda = d\frac{x}{D}$ となるので、光の波が強め合うときの x は、

$$x \approx m\frac{\lambda D}{d} \tag{3.4}$$

となります。式 (3.4) から $\frac{\lambda D}{d}$ 間隔ごとに光が強めあうことがわかり、図のような縞模様を再現できました。

このしま模様を干渉縞といいます。このような干渉縞は波の特徴です。干渉縞があると、波と関連した現象であることが示唆されるのです。

❖2重スリット ―マクロな粒子の場合―

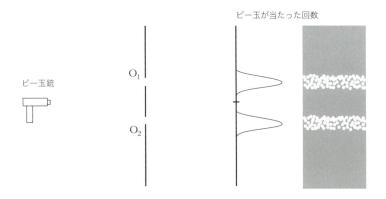

図3.3 2重スリット ―マクロな粒子の場合―

今度は波の場合との比較のために、2重スリットの実験において波の代わりにビー玉やボールなどのマクロな粒子を打った場合を考えてみましょ

う。例えば図のスクリーン上のどこにビー玉が届いたかを観測するのです。するとこのとき、例えばマクロな粒子は図のどちらかの穴を通り、穴のほぼ先の図のような場所にたくさん見つかるでしょう。このように、マクロな粒子の場合は図3.2の波の場合とまったく異なる結果になります。

3.2 確率解釈

❖さらに光を弱くしていくと

　以上で準備が整ったので、物質や光が波としての性質を持つと同時に粒子としての性質を持つことの物理的な意味をより詳しく調べていきましょう。今、ヤングの実験と同じく2重スリットを考え、そこで光を弱くした場合を考えてみましょう。すると第1章で光は光子という粒子的性質を持つことを学んだので、光を弱くするにつれてスクリーン上に1個1個の光子が見えるはずです。

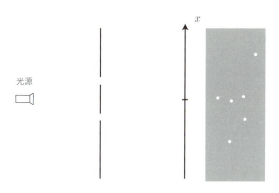

図3.4 2重スリット ー弱い光の場合ー

　図は光子が1個スクリーンにぶつかるとその場所が白い点として現れる装置です。つまり、白い点は光子が当たった点と考えて良いでしょう。こ

れは光が粒子的性質を持つことを反映しています。しかも始めのうちは図3.4のように**光子がランダムにスクリーン上に現れます**。1つ1つの光子がどこに現れるかはわからないのです。

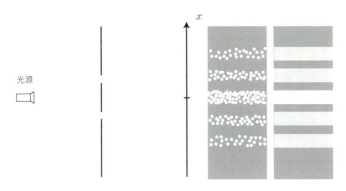

図3.5 2重スリット —光子と光波の場合—

しかしながら、どんどん光子を出していくと、だんだん光子が届くところに規則性があることがわかってきます。図3.5のように光子の点の集まりは徐々にきれいなしま模様を描くのです。このきれいなしま模様はどんどん光を出していくと最終的に図3.1の弱くない光を当てた場合のヤングの実験の結果と一致するのです。

❖確率解釈

この実験をどのように解釈すればいいのでしょう？　これは「サイコロを振った時の目」とよく似ています。サイコロを振った時、どんな目が出るかはわかりません。しかし、何回もサイコロをふると、1から6までの目が均等に出てきます。そこでサイコロを振った時に、ある目（例えば1）が出る確率は1/6となるわけです。

今回の図の実験も同じように理解できます。つまり、光子はどこに行くかはわからないが、白い部分に見つかりやすいということはわかります。これは図のスクリーンの白い部分は光子が観測される確率を反映していると考えることができます。つまり、白い部分に光子が観測される確率が大きいということです。

さらにはこの実験から、光の波の正体の性質もわかります。光の波が強い所で光子が発見されやすいことから、光が発見される確率は、光の波の強さで決まると考えられます。つまり、光の波の強さが光を見出す確率になるのです。

以上から次のように解釈することができます。

> **光の波の確率解釈**
>
> 光はなんらかの波でできていて、その波の強さは光子が発見される確率を表している。

このように解釈すると、光が波としての性質と粒子としての性質（光子）を同時に持つことが理解できます。つまり光は観測される前はなんらかの波でできていて、観測されたとたんに光子として観測されるが、どこに観測されるかといった確率は波の強さで決まると解釈するのです。

❖電子の場合の2重スリットの実験

第1章では電子等の物質も波としての性質を持つことを紹介しました。それならば電子も光の場合と同じように確率の波でできているのでしょうか？

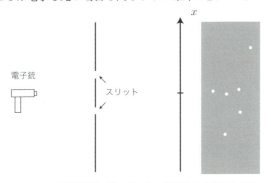

図3.6 2重スリット —電子を少し打った場合—

今、光子の時と同じように2重スリットと、その先のスクリーンを考え

ます。図3.6の左には電子銃があり、1個1個電子を打つことができます。電子は図3.6のように1個1個観測することができます。これは電子が粒子的性質を持つ側面として理解できます。しかしながら図3.6を見ると、光の場合の図3.4と同じく電子がスクリーン上のどこに発見されるかは最初のうちはランダムであるように見えます。

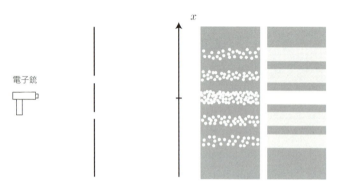

図3.7 2重スリットの実験における電子の粒子性と波動性がともに見られる図

ところが電子銃で電子をたくさん打つと、図3.7のように次第にスクリーン上の電子が観測される点は規則性が現れてきます。だんだんしま模様が現れてくるのです。このしま模様は最終的にヤングの実験の図と同じになります。つまり、電子も同じようになんらかの波でできていて、その波の強さが電子を発見する確率になると解釈されるのです。

> **電子の波の確率解釈**
>
> 電子はなんらかの波でできていて、その波の強さは電子が発見される確率を表している。

つまり光と同じように、電子は観測される前はなんらかの波でできていて、観測されたとたんに電子として観測されるが、どこに観測されるかといった確率は波の強さで決まると解釈するのです。

さて、第2章ではシュレーディンガー方程式は電子などの質量mの物質粒子が満たす波の方程式であることを述べました。この図3.7の2重スリットの実験で見られる電子の波は、シュレーディンガー方程式から求まる波なのです。

3.3 波の強さと規格化

❖ 波の大きさ

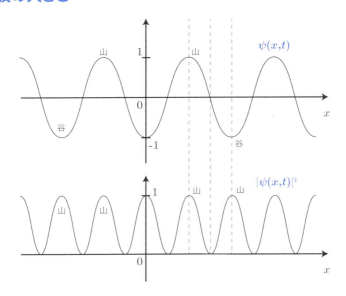

図3.8 波$\psi(x,t)$（上図）と波の強さ$|\psi(x,t)|^2$（下図）

ここでは波と確率の関係をもう少し詳しく調べてみましょう。図3.2と図3.5を合わせて考えると、光子を観測する確率が大きい所が波の強さが強いということになるのでした。ここで、波の強さは波そのものではありません。例えば今、図3.8上図のような波$\psi(x,t)$を考えると、山や谷は波が強く、その中間の$\psi(x,t)$が0に近い所は波が弱いと考えられます。ここ

で波の強さを波そのものとすると、谷では強さがマイナスになって困ります。波の強さは一般に、単純な波ではなく

$$波の強さ = |波|^2 \tag{3.5}$$

と絶対値の2乗で表されることが知られています。例えば波の式が$\psi(x,t)$の場合、波の強さは$|\psi(x,t)|^2$となるわけです。図3.8下図には波の強さ$|\psi(x,t)|^2$が描かれていますが、このとき確かに波$\psi(x,t)$の山と谷どちらも、波の強さ$|\psi(x,t)|^2$が大きくなり1に近くなっています。一方で波$\psi(x,t)$の山と谷の中間の波の強さ$|\psi(x,t)|^2$は0に近く、弱くなっています。以上で確率を数式で表す準備がととのいました。ある時刻tのある場所xに光子を見出す確率は、波の強さが大きいと光子を見出す確率が大きくなるとしたので、光子の波が$\psi(x,t)$で表されるとして、

$$ある場所xに光子を見出す確率 = |\psi(x,t)|^2 \tag{3.6}$$

と絶対値の2乗になります。電子の場合も同様に$\psi(x,t)$を電子の波として$|\psi(x,t)|^2$が電子をxに見出す確率になります。

❖複素数の大きさと複素共役

さて、第2章では電子の波として式（2.28）のように複素数の波$\psi(x,t)$を導入しました。それでは複素数の波の場合、$|\psi(x,t)|^2$はどうなるのでしょう？ 実は単純に$|\psi(x,t)|^2=\psi(x,t)^2$とはなりません。この問題は、複素平面を導入するとわかりやすくなります。

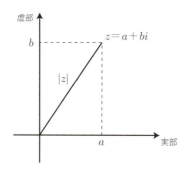

図3.9 複素平面における複素数

今、図のように複素数$z=a+bi$を、複素数の実数部分を横軸、虚数部分を縦軸にとった複素平面に描きます。複素数の大きさ$|z|$は図の線分の長さですが、これは三平方の定理により$|z|=\sqrt{a^2+b^2}$になります。よって$|z|^2=a^2+b^2$です。ここで、複素数$z=a+bi$に対して**共役複素数**もしくは**複素共役**とよばれる複素数$z^*=a-bi$を導入すると、

$$|z|^2=zz^* \tag{3.7}$$

とあらわされます。実際、計算すると$zz^*=(a+bi)(a-bi)=a^2-b^2 i^2=a^2+b^2=|z|^2$となっています。よって、複素数の波の場合、$\psi(x,t)^*$を$\psi(x,t)$の共役複素数として、

$$|\psi(x,t)|^2=\psi\psi^* \tag{3.8}$$

となります。

❖規格化された波

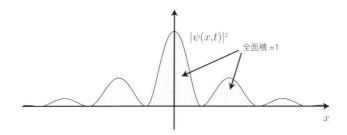

図3.10 波の規格化

さて、$|\psi(x,t)|^2$はある場所xに光子(電子)を見出す確率であることを紹介しました。この光子(電子)を観測する確率を全て合計する、つまり$|\psi(x,t)|^2$を$x=-\infty$から$x=\infty$まで合計すると、全部で100%、つまり1になります(確率は全て合計すると1になる)。図3.10では図のグラフとx軸にかこまれた面積が1になります。式で表すと、

$$\int_{-\infty}^{\infty}|\psi(x,t)|^2 dx=1 \tag{3.9}$$

となります。式(3.9)をみたす波$\psi(x,t)$を**規格化された波**$\psi(x,t)$といいます。

3.4 波の意味の解釈 —さまざまな状態の共存—

❖波の意味は？

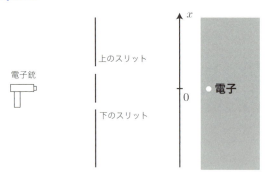

図3.11 電子は上と下どっちを通ったの？

これまで出てきた光や電子の波について、さらにその意味を調べてみましょう。図のように先ほどの電子と2重スリットの実験をさらに詳しく考察してみます。今、電子銃で1個の電子を打った時、図のように真ん中（$x = 0$）に電子が観測されたとします。このとき、1個の電子は上のスリットと下のスリットどちらを通ったでしょう？

1. 上のスリット
2. 下のスリット
3. 上と下両方のスリット

どうでしょうか？ 結論からいうと3、つまり「1個の電子は上と下両方のスリットを通った」が正解です。1個の電子の波は電子銃から出て、図3.2のように電子の波が両方のスリットを通ってから電子が後ろのスクリーンに届いているので、1個の電子の波は上と下両方を通ったと考えられるのです。

このように電子の波を考えると当たり前に見えるかもしれませんが、よくよく考えると不思議です。例えば、「1個の電子の波が上下のスリットを

通った」から「波」という言葉を省略すると、

> 「1個の電子は上下両方のスリットを通った」

となるからです。まるで分身の術のようです。このように電子を波の考え方から解釈すると、「1個の電子が上のスリットにも下のスリットにもいる」と解釈されるのです。これを別の言い方で表現すると

> 「1個の電子が上のスリットにいる状態と下のスリットにいる状態が共存している」

と解釈できます[*1]。どうでしょう? 不思議ですね。

つまり、電子の波とは、「電子があっちにもいたりこっちにもいたりと、さまざまな状態が共存している」様子を表しているのです。

❖観測すると波は変化する

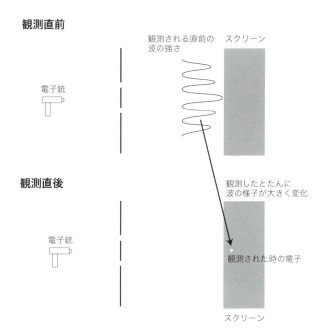

図3.12 観測すると波の様子は変化する

[*1] コペンハーゲン解釈という。

さて、電子の波は2重スリットを通った後も波のままなのでしょうか？つまり、電子があっちにもこっちにもいるというさまざまな状態が共存したままなのでしょうか？

もちろん、スリットを出た後もスクリーンで観測する前は電子は波のままです。つまり、図3.12上図のように波の形に応じて「1個の電子が真ん中にいる状態や少し離れた所にいる状態などさまざまな状態が共存している」のです。

電子は2重スリットを通った後、図3.12上図のスクリーン上のどこかの検出器に検出され観測されます。観測される確率は波の強さ $|\psi(x,t)|^2$ によって決まります。例えば今、図3.12下図のように電子がスクリーンの真ん中で観測されたとしましょう。

実際に観測されると、波の様子は大きく影響を受けます。何故ならば実際に真ん中に電子が観測されると、その時電子は100％真ん中にあることを意味します。ここで電子の波が確率の波であったことを考慮すると、下図のように電子が100％真ん中にあるということは、電子の波が形を変えて真ん中1点に集中するということを意味します。**つまり観測すると波の様子が変わってしまうのです。**そして電子の波は実際に観測すると、観測された1点に集中して電子という粒子として観測されるのです。つまり、

「観測される前はさまざまな状態が共存する波として振る舞い、実際に観測される時は $|\psi|^2$ の確率に従いいずれかの状態に粒子として観測される」

のです。

さて、以上から電子の様子を知るには、電子の波の様子がわかれば良いということがわかります。電子の波がわかれば、実際に観測した時に電子がどの確率でどこに発見されるかがわかるからです。この電子の波を具体的に求める方程式が第2章で学んだシュレーディンガー方程式なのです。

❖波動関数以外の共存の例

電子の様子はシュレーディンガー方程式で求まる電子の波で決まりますが、複数の原子が集まった分子の様子も同じくシュレーディンガー方程式を解くことにより求まります。しかしながら、分子の様子をシュレーディ

ンガー方程式で厳密に解くことは粒子の数が多いため非常に困難で、しばしば近似したモデルを使います。

量子論に現れる波とは、さまざまな状態が共存していることを表すのでした。そこで電子の波が「電子があっちにもいたりこっちにもいたりと、さまざまな状態が共存している」としたように、「分子があの状態にあったりこの状態にあったりとさまざまな状態が共存している」と考えることもできます。

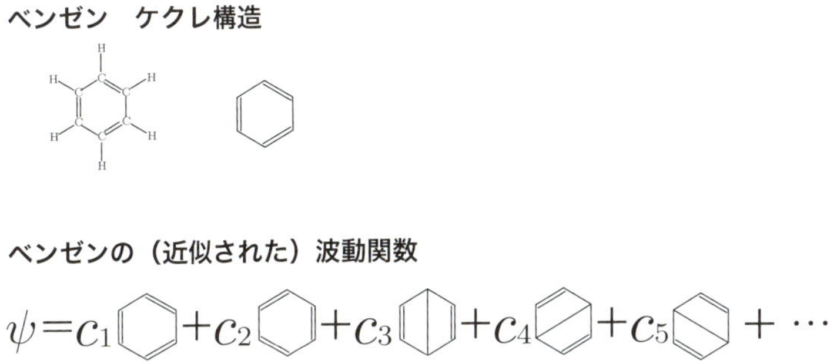

ベンゼン　ケクレ構造

ベンゼンの（近似された）波動関数

$$\psi = c_1 \bigcirc + c_2 \bigcirc + c_3 \bigcirc + c_4 \bigcirc + c_5 \bigcirc + \cdots$$

図3.13 ベンゼンの近似的構造とさまざまな状態の重ね合わせ

例えば高校化学などで良く出てくるベンゼンC_6H_6は炭素と水素からできています。ベンゼンは近似として図3.13上図のように六角形の中に2重線を描いて表すことがあります。ここで線1つが電子1つに対応し、2重線には電子が2つあることを示します。このベンゼンの構造をケクレ構造といいます。しかしこの絵は本当のベンゼンを表しているわけではありません。

ベンゼン分子は上図以外にもさまざまな形をした状態が共存しています。例えば、近似としてベンゼンには図3.13下図のようなさまざまな形をした状態が共存していると考えることができるのです。これらをまとめて下図のように図のベンゼンの（近似された）波動関数のように書き表すことができます。これは波の重ね合わせ（波1＋波2）のようにさまざまな状態を足し合わせているのです。分子のように粒子の数が多い場合は、このように近似としてさまざまな状態の共存(重ね合わせ)を考えることがしばしばあります。

章末確認問題

1. 電子や光子が波と粒子の2重性を持つとはどういうことか？説明せよ。
2. 電子の波と確率の関係は？

第4章

身近な波と波の方程式

　電子の様子を知るためには電子の波の様子がわかれば良いことを第3章で学びました。電子の波は第2章で学んだシュレーディンガーの波動方程式により求まるので、結局シュレーディンガーの波動方程式が解ければ電子の様子がわかることになります。

　そこで本章ではシュレーディンガーの波動方程式を解く下準備として、身近な波の満たす波動方程式とその性質を学んでおきます。

　身近な波の満たす波動方程式から得られる波の様子とシュレーディンガーの波動方程式から得られる波の様子は似ている側面がたくさんあります。そのため、身近な波の満たす波動方程式から得られる波を理解することが量子論を理解する際に重要になるのです。この章を通じて、身近な波動方程式とその解の波の様子をしっかり理解しておきましょう。

4.1 楽器の音色と倍音

　身近な波の例に、音の波、つまり音波があります。空気中における音波とは、空気の振動のことです。ここで空気が速く振動する、つまり振動数が大きい音は高い音に、空気がゆっくり振動する、つまり振動数の小さい音は低い音になります。また、第1章式（1.1）で「振動数×波長＝波の速さ」であることを学んだので、波の速さを一定とすると振動数が大きい音は波長が短く、振動数が小さい音は波長が長くなります。

　さて、音は同じドの音でもピアノやギター、バイオリンでは異なる音に聞こえます。何故、同じドの音にもかかわらず楽器によって異なる音に聞こえるのでしょう？

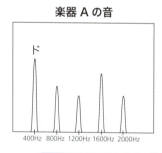 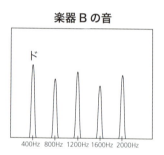

図4.1 楽器の音と倍音。倍音の混ざり方は楽器によって異なる

　この理由は、音の振動数を調べることにより明らかになります。今、簡単のためにドの音の振動数を400Hzとしましょう。ここでギターやバイオリンなどの弦楽器の音の振動数を調べると、図のように弦楽器のドの音には400Hz以外にもさまざまな高さの音が混じっているのです。しかしながら、400Hz以外の音の混ざり方は楽器（例えば図の楽器A、楽器B）によって異なります。このように音の混ざり具合が楽器によって異なるので、ギターやピアノ、バイオリンの音色の違いが生まれるのです。

　弦楽器の場合の音の混ざり具合を良く見てみると、図からある特徴が見

られます。それは、400、800、1200、1600Hzといったように、一番低い音400Hzの2、3、4…倍の音が強く混じっているのです。これを音楽の世界では倍音といいます。倍音は、ドミソの和音のように、互いにきれいに響き合う音である和音とも密接に関係していることが知られ、音楽の分野では大変重要です。

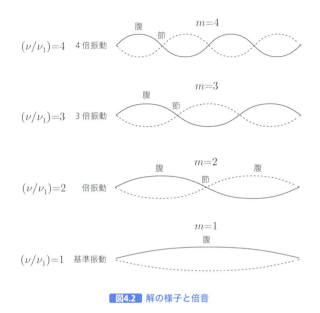

図4.2 解の様子と倍音

　倍音は簡単には図で理解することができます。図はしばしば高校の教科書などで見ることができます。弦楽器の音には基準となる音（一番下）だけではなく、波長が$\frac{1}{2}$、$\frac{1}{3}$、$\frac{1}{4}$倍、つまり振動数が2、3、4倍の音が含まれるからです。これらの振動を図のように基準振動、倍振動といい、まとめて固有振動といいます。また、図で波の振幅が一番大きい部分を腹、一番小さい部分を節といいます。下から腹の数が1、2、3、4となっています。
　しかしこの図による倍音の説明は直感的です。倍音は数式できちんと導くことはできるのでしょうか？　実は後ほど詳しく説明しますが、倍音は量子論とも密接に関連することが知られており、しばしば自然科学と音楽

の結びつきの例としても取り上げられます。そこで以下、量子論の下準備として倍音が生まれるしくみを数式を用いてきちんと調べてみましょう。

4.2　波の方程式

❖弦の微小部分に働く力

　倍音が生まれるしくみをしらべるために、ここではギターの音が生まれるしくみを数式を用いて調べてみましょう。ギターの弦をはじくと弦が振動し、その結果ギター全体も振動してその振動が空気の振動を生み出し音が生まれます。それではギターの弦の振動はどのような方程式によって記述されるのでしょう？

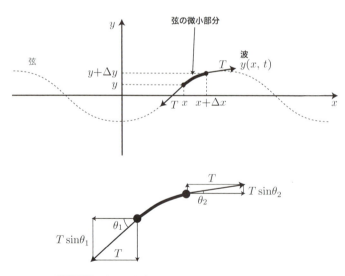

図4.3　振動する弦（上図）と弦の微小部分に働く力（下図）

　ここでは弦の振動の様子を一般化して考えてみましょう。今、図4.3のように弦が上下に振動して波を作っている状況を考えます。波は場所xと

時刻tが変わるので、波を$y(x,t)$ と書きましょう。第2章で学んだように古典力学では運動の様子は全て運動方程式からわかるので、弦の振動の様子は弦の運動方程式を調べることにより求まります。

弦の運動方程式を調べるために、図4.3の弦の微小部分の運動を考えましょう。微少部分を表すために"Δ"（デルタ）なる記号を使います。例えばΔxはxの微少な変化です。図で$\Delta x \to 0$とすれば正確な弦の運動がわかります。

運動方程式を立てるために、弦の微小部分に働く力を求めます。図より微小部分の両端には弦を引っ張る張力Tが働いているとします。ここで弦の微小部分は上下方向に振動するので、張力Tの上下方向の成分だけ求めましょう*1。上下方向の成分は図のように右端から$T\sin\theta_2$、左端からこれとは逆向きに$-T\sin\theta_1$の力を受けるので、

$$\text{上下方向の力}\quad T\sin\theta_2 - T\sin\theta_1 = T(\sin\theta_2 - \sin\theta_1) \quad (4.1)$$

となります。ここで、θが十分小さい場合、$\sin\theta \approx \tan\theta$となりますが、$\tan\theta$は弦のグラフの傾き$\frac{\partial y}{\partial x}$そのものです。ここで$\partial$が使われている理由及び$\partial$と$d$の違いの説明は2.2節を参照して下さい。そこで今、xにおける弦のグラフの傾きを$\frac{\partial y}{\partial x}|_x$と書くことにすると、$\sin\theta_1 \approx \tan\theta_1 \approx \frac{\partial y}{\partial x}|_x$、$\sin\theta_2 \approx \tan\theta_2 \approx \frac{\partial y}{\partial x}|_{x+\Delta x}$となるので、式 (4.1) は、

$$\text{上下方向の力} \approx T(\frac{\partial y}{\partial x}|_{x+\Delta x} - \frac{\partial y}{\partial x}|_x) \quad (4.2)$$

と表すことができます。この式の分子分母にΔxをかけると、

$$\text{上下方向の力} \approx T(\frac{\frac{\partial y}{\partial x}|_{x+\Delta x} - \frac{\partial y}{\partial x}|_x}{\Delta x}\Delta x) \quad (4.3)$$

となりますが、$\frac{\frac{\partial y}{\partial x}|_{x+\Delta x} - \frac{\partial y}{\partial x}|_x}{\Delta x}$は$\frac{\partial y}{\partial x}$の$x$における変化率ですから、$\Delta x \to 0$の極限で$\frac{\partial^2 y}{\partial x^2}|_x$つまり、

$$\text{上下方向の力} = T(\frac{\frac{\partial y}{\partial x}|_{x+dx} - \frac{\partial y}{\partial x}|_x}{\Delta x}\Delta x) = T\frac{\partial^2 y}{\partial x^2}dx \quad (4.4)$$

---

*1　水平方向は$\Delta x \to 0$で打ち消し合う。

となると考えられます。よって最終的に上下方向の力Fは、$F = T\frac{\partial^2 y}{\partial x^2}dx$ となります。これで微小部分の上下方向に働く力Fが求まりました。

❖弦の微小部分の運動方程式と波動方程式

運動方程式は「質量×加速度＝力」ですから、今度は微小部分の質量mを求めましょう。今、弦の単位長さあたりの質量をμと仮定します。微小部分の長さをΔxとすると、微小部分の質量は弦の単位長さあたりの質量（質量密度）μに長さΔxをかけた$\mu\Delta x$となります。そのため、$\Delta x \to 0$の極限で微小部分の質量はμdxになります。

以上から運動方程式$m\frac{dy^2}{dt^2} = F$は、微小部分の上下方向の加速度が$\frac{\partial^2 y}{\partial t^2}$であることを使うと、

$$\text{弦の運動方程式}\quad (\mu dx)\frac{\partial^2 y}{\partial t^2} = T\frac{\partial^2 y}{\partial x^2}dx \tag{4.5}$$

となります。この式の両辺のdxを落として整理すると、

$$\text{弦の運動方程式}\quad \frac{\partial^2 y}{\partial t^2} = \frac{T}{\mu}\frac{\partial^2 y}{\partial x^2} \tag{4.6}$$

となります。これが波yのみたす方程式です。この方程式は、第2章の式（2.20）ででてきた波動方程式、

$$\text{波動方程式}\quad \frac{\partial^2 \psi}{\partial t^2} = v^2\frac{\partial^2 \psi}{\partial x^2} \tag{4.7}$$

と比較すると、波ψを波yとおき、$v^2 = \frac{T}{\mu}$と置いたものになっているので、式（4.6）（4.7）どちらも同じ波の方程式です。このようにして、弦の運動方程式から第2章の波動方程式が出てきました。

❖本書でしばしば出てくる微分方程式の解法

それでは波動方程式（4.7）から波ψを求めるにはどうしたらいいでしょう？　まず、波動方程式（4.7）は波ψの微分が含まれた方程式になっています。このように関数の微分が含まれた方程式を微分方程式といいます。

微分方程式に含まれる関数を具体的に求めることを、微分方程式を解くといいます。今の場合、波動方程式 (4.7) の波 ψ を求めるわけですが、これを波動方程式 (4.7) の微分方程式を解く、などといいます。

微分方程式の解き方はいくつかにパターン化されます。ここでは本書にこれからしばしば出てくる3つの微分方程式の解き方を学んでおきましょう。3つの微分方程式とは

$$\frac{d^2\varphi}{dx^2} = -k^2\varphi \tag{4.8}$$

なる形の微分方程式と、

$$\frac{d^2\varphi}{dx^2} = k^2\varphi \tag{4.9}$$

なる形の微分方程式と、

$$\frac{d\varphi}{dx} = ik\varphi \tag{4.10}$$

なる形の微分方程式です。そこで、これらの微分方程式の解き方をあらかじめ説明しておきましょう。

▶ $\frac{d^2\varphi}{dx^2} = -k^2\varphi$ の解き方

$$\frac{d^2\varphi}{dx^2} = -k^2\varphi \tag{4.11}$$

は2階微分すると元の関数 φ の負の定数倍になっています。このような方程式は高校ではばねにみられる、後の5章の式 (5.32) で学ぶ単振動の運動方程式 $m\frac{d^2x}{dt^2} = -kx$ などで出てきます ($\frac{d^2x}{dt^2} = -\frac{k}{m}x$)。

ばねの振動ですから、三角関数のような振動する関数が考えられます。そのような関数として、高校などでは三角関数を学びます。三角関数の微分は、

$$\frac{d\sin kx}{dx} = k\cos kx, \quad \frac{d\cos kx}{dx} = -k\sin kx \tag{4.12}$$

なので、2階微分すると、

$$\frac{d^2 \sin kx}{dx^2} = -k^2 \sin kx, \quad \frac{d^2 \cos kx}{dx^2} = -k^2 \cos kx \tag{4.13}$$

となるので、たしかに元の関数φの負の定数倍になっています。よって、

$$\frac{d^2 \varphi}{dx^2} = -k^2 \varphi \tag{4.14}$$

の解は、

$$\varphi = A \sin kx + B \cos kx \tag{4.15}$$

とかけます。

　ここで

$$A \sin kx + B \cos kx = \sqrt{A^2 + B^2} \left(\frac{A}{\sqrt{A^2 + B^2}} \sin kx + \frac{B}{\sqrt{A^2 + B^2}} \cos kx \right)$$

$$= \sqrt{A^2 + B^2} \sin(\alpha + kx)$$

と書けるので（ただし $\sin \alpha = \frac{B}{\sqrt{A^2 + B^2}}$、$\cos \alpha = \frac{A}{\sqrt{A^2 + B^2}}$ とする）、波の式となっています。

▶ $\frac{d^2 \varphi}{dx^2} = k^2 \varphi$ **の解き方**

$$\frac{d^2 \varphi}{dx^2} = k^2 \varphi \tag{4.16}$$

は2階微分すると元の関数φの正の定数倍になる関数になっています。そのような関数として、高校などで指数関数を学びます。実際、指数関数の微分は、

$$\frac{de^{kx}}{dx} = ke^{kx}, \quad \frac{de^{-kx}}{dx} = -ke^{-kx} \tag{4.17}$$

ですが、さらに2階微分すると、

$$\frac{d^2 e^{kx}}{dx^2} = k^2 e^{kx}, \quad \frac{d^2 e^{-kx}}{dx^2} = k^2 e^{-kx} \tag{4.18}$$

とたしかに元の関数φの正の定数倍になります。よって、

$$\frac{d^2\varphi}{dx^2} = k^2\varphi \tag{4.19}$$

の解は、

$$\varphi = Ae^{kx} + Be^{-kx} \tag{4.20}$$

と書けます。ここで式 (4.20) の指数関数のグラフは次のような関数です。

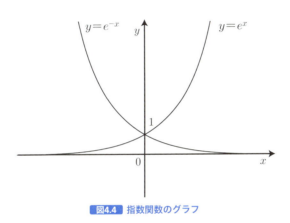

図4.4 指数関数のグラフ

▶ $\frac{d\varphi}{dx} = ik\varphi$ **の解き方**

$$\frac{d\varphi}{dx} = ik\varphi \tag{4.21}$$

は1階微分すると元の関数φの虚数単位iの定数倍になる関数を求めればよいことになります。この解は

$$\varphi = e^{ikx} \tag{4.22}$$

です。実際、

$$\frac{de^{ikx}}{dx} = ike^{ikx} \tag{4.23}$$

となります。

本書における代表的な微分方程式の解

$$\frac{d^2\varphi}{dx^2} = -k^2\varphi \tag{4.24}$$

の解は、

$$\varphi = A\sin kx + B\cos kx \tag{4.25}$$

と書ける。

$$\frac{d^2\varphi}{dx^2} = k^2\varphi \tag{4.26}$$

の解は、

$$\varphi = Ae^{kx} + Be^{-kx} \tag{4.27}$$

と書ける。

$$\frac{d\varphi}{dx} = ik\varphi \tag{4.28}$$

の解は、

$$\varphi = Ae^{ikx} \tag{4.29}$$

と書ける。

4.3 定在波と変数分離法

❖定在波

それではギターの弦の波の様子を実際に波動方程式を解いて調べてみましょう。ギターの波は図のように同じ所で上下に振動しています。

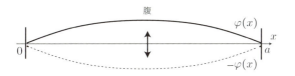

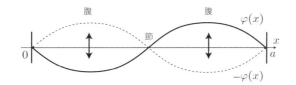

図4.5 両端を固定された弦の振動の様子。

　この様子をまずは以下のようにして式で表してみましょう。今、ある時刻のギターの波の空間部分の様子が図のように $\varphi(x)$ であったとしましょう。ギターの波は、同じ所で上下に振動していますが、形 $\varphi(x)$ そのものは変わりません。例えば図のように、ある時刻では $\varphi(x)$ であったものが、ある時刻には $-\varphi(x)$ になったりします。この様子は、時間が変わると $\varphi(x)$ の振幅が変化しているとみなすことができます。そこで、時間で変わる振幅を $T(t)$ と置きましょう。すると波の関数は空間部分の波 $\varphi(x)$ に時間によって変わる振幅 $T(t)$ をかけた、

$$\psi(x,t) = \varphi(x)T(t) \tag{4.30}$$

と表すことができます。$\varphi(x)$ の時は $T(t)=1$、$-\varphi(x)$ の時は $T(t)=-1$ です。このとき、波の関数 $\psi(x,t)$ が空間 x の関数 $\varphi(x)$ と時間 t の関数 $T(t)$ の積になっています。このように時間と空間を分離できるとき、この波を**定在波**とよびます。

❖変数分離法

　波が式（4.30）の形に書ける場合は、これから説明するいわゆる**変数分離法**という方法が使え、問題が簡単になることが知られています[*2]。

＊2　一般には例えば $\psi(x,t)=x^2-t^2$ とか $\psi(x,t)=\sin(xt)$ のような場合は x と t の関数に分離できない。しかし例えば $\cos t \sin x$ などの場合は $\sin x$ の関数と $\cos t$ の関数に分離できる。

$\varphi(x)$ と $T(t)$ の積で表された波の式 (4.30) を波動方程式 (4.7) に代入すると、

$$\frac{\partial^2 [\varphi(x)T(t)]}{\partial t^2} = v^2 \frac{\partial^2 [\varphi(x)T(t)]}{\partial x^2}$$
$$\rightarrow \varphi(x)\frac{\partial^2 T(t)}{\partial t^2} = v^2 T(t)\frac{\partial^2 \varphi(x)}{\partial x^2} \tag{4.31}$$

となります。ここで両辺を $v^2\varphi(x)T(t)$ で割ってみましょう。すると、

$$\frac{1}{v^2 T(t)}\frac{\partial^2 T(t)}{\partial t^2} = \frac{1}{\varphi(x)}\frac{\partial^2 \varphi(x)}{\partial x^2} \tag{4.32}$$

となり、左辺は t のみの関数、右辺は x のみの関数となります。この方程式において、どんな x,t においても左辺=右辺が成り立つので、左辺および右辺は x,t を含まないある定数であることが必要になります。そこでこの定数を仮に α と置くと、式 (4.32) は、

$$\begin{cases} \dfrac{1}{\varphi(x)}\dfrac{\partial^2 \varphi(x)}{\partial x^2} = \alpha & (4.33\text{a}) \\[2mm] \dfrac{1}{v^2 T(t)}\dfrac{\partial^2 T(t)}{\partial t^2} = \alpha & (4.33\text{b}) \end{cases}$$

つまり、

$$\begin{cases} \dfrac{\partial^2 \varphi(x)}{\partial x^2} = \alpha \varphi(x) & (4.34\text{a}) \\[2mm] \dfrac{\partial^2 T(t)}{\partial t^2} = \alpha v^2 T(t) & (4.34\text{b}) \end{cases}$$

が成り立ちます。定数 α の値は以下の計算の過程で求まります。ここでまず式 (4.34a) の x の微分方程式の解を考えましょう。4.2節で学んだように、$\frac{\partial^2 \varphi(x)}{\partial x^2} = \alpha \varphi(x)$ の解 $\varphi(x)$ は α を実数とすると三角関数 $\sin kx, \cos kx$ や指数関数 e^{kx}, e^{-kx} が考えられますが、振動する波の解を考えているので三角関数、

$$\varphi(x) = A \sin kx + B \cos kx \tag{4.35}$$

で表されると考えられます。これを式 (4.34a) に代入すると、

$$\frac{\partial^2 \varphi(x)}{\partial x^2} = -k^2 \varphi(x) = \alpha \varphi(x) \tag{4.36}$$

となるので、$\alpha = -k^2$ となります。これを式 (4.34) に代入すると、時間 t と x が含まれた波動方程式は次のようになります。

定在波の微分方程式

波動方程式、

$$\frac{\partial^2 \psi}{\partial t^2} = v^2 \frac{\partial^2 \psi}{\partial x^2} \tag{4.37}$$

は $\psi(x, t) = \varphi(x) T(t)$ とおけるならば、

$$\begin{cases} \dfrac{\partial^2 \varphi(x)}{\partial x^2} = -k^2 \varphi(x) & (4.38\text{a}) \\[6pt] \dfrac{\partial^2 T(t)}{\partial t^2} = -k^2 v^2 T(t) & (4.38\text{b}) \end{cases}$$

と変数分離された微分方程式、つまり x のみの微分方程式 (4.38a) と t のみの微分方程式 (4.38b) になる。

　微分方程式は一般に変数の数が減ると解きやすくなります。そのため、x の関数と t の関数に変数分離できる定在波の微分方程式は、解きやすくかつ扱いやすいのです。以下、具体的に定在波の微分方程式の解を計算してみましょう。

4.4 境界条件と初期条件で解を求めよう

それでは定在波の微分方程式（4.38）を解いてみましょう。

❖ 空間成分 $\varphi(x)$ を境界条件から求めよう

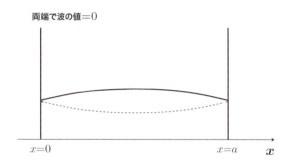

図4.6 境界条件の例。$x=0$ および $x=a$ で波が0。つまり $\varphi(0)=\varphi(a)=0$

定在波の微分方程式のうち、まず空間 x 部分の方程式、

$$\frac{\partial^2 \varphi(x)}{\partial x^2} = -k^2 \varphi(x) \tag{4.39}$$

を解いてみましょう。式（4.39）の解は4.2節で学んだように一般に、

$$\varphi(x) = A \sin kx + B \cos kx \tag{4.40}$$

と書くことができます。ここでギターの両端、つまり図で $x=0$ と $x=a$ で波の値が0になっています。つまり、

$$\varphi(0) = \varphi(a) = 0 \tag{4.41}$$

です。この条件式（4.41）を**境界条件**といいます。これは高等学校などでは固定端の境界条件とよばれるものに相当します。

この境界条件を使うと、境界条件 $\varphi(0) = 0$ からまず、

$$\varphi(0) = A \sin 0 + B \cos 0 = B = 0 \tag{4.42}$$

より、$\varphi(x) = A \sin kx$ となります。もう1つの境界条件 $\varphi(a) = A \sin ka = 0$ から m を整数として、

$$ka = m\pi \tag{4.43}$$

となります。ここから、

$$k = \frac{m\pi}{a} \tag{4.44}$$

となります。よって $\varphi(x) = A \sin kx$ は、

$$\varphi(x) = A \sin \frac{m\pi}{a} x \tag{4.45}$$

となります。

今回、式(4.39)を解く場合に境界条件式(4.41)を利用して波の形 $\varphi(x)$ を決めました。境界条件にはさまざまなものがあり、境界条件によって波の様子が制限されます[*3]。

❖時間成分 $T(t)$ を初期条件から求めよう

今度は定在波の微分方程式（4.38）の時間部分 $T(t)$ の方程式、

$$\frac{\partial^2 T(t)}{\partial t^2} = -k^2 v^2 T(t) = -\left(\frac{mv\pi}{a}\right)^2 T(t) \tag{4.46}$$

を解いてみましょう。ここで、すでに計算した k の式（4.44）を使っています。$T(t)$ の解は4.2節で学んだように、

$$T(t) = C \cos \omega t + D \sin \omega t \tag{4.47}$$

と書くことができます。時間部分の関数はある時刻における $T(t)$ の様子がわかると、その後の $T(t)$ の様子もわかります。例えば $t=0$ の時、波の値が0すなわち、

[*3] 高校などでは他に自由端の境界条件（微分が0）などを学ぶ。

$$T(0) = 0 \tag{4.48}$$

としてみます*4。これを初期条件などといいます。すると、

$$T(0) = C\cos 0 + D\sin 0 = C = 0 \tag{4.49}$$

となるので、

$$T(t) = D\sin \omega t \tag{4.50}$$

となります。この式を時間部分$T(t)$の方程式 (4.46) に代入すると、$\frac{d^2 \sin \omega t}{dt^2} = -\omega^2 \sin \omega t$ を使って、

$$\frac{\partial^2 T(t)}{\partial t^2} = -\omega^2 T(t) = -\left(\frac{mv\pi}{a}\right)^2 T(t) \tag{4.51}$$

となります。ここから、

$$\omega = \frac{mv\pi}{a} \tag{4.52}$$

となります。つまり、

$$T(t) = D\sin \frac{mv\pi}{a} t \tag{4.53}$$

です。以上から定在波の解 $\psi(x, t) = \varphi(x)T(t)$ は、

$$\psi(x,t) = C\sin \frac{mv\pi}{a} t \, \sin \frac{m\pi}{a} x, \; m は整数 \tag{4.54}$$

となります。ここでCは波全体の振幅です。

---

*4 もちろん違う時刻を初期条件にとって、例えば$T(0) \neq 0$の場合も考えることができる。

4.5 解の様子から倍音が求まった!

さて、それでは定在波の解の様子を見てみましょう。

$$\psi(x,t) = C \sin \frac{mv\pi}{a} t \ \sin \frac{m\pi}{a} x \ , \ m は整数 \tag{4.55}$$

この式 (4.55) から振動数と波長を求めてみましょう。式 $\sin \frac{2\pi}{\lambda} x$ は x が λ 増えるごとに $\sin$ の中が 2π 増えるので、波長 λ の波を表します。よって式 (4.55) から $\frac{2\pi}{\lambda} x = \frac{m\pi}{a} x$ を解いて波長 $\lambda = \frac{2a}{m}$ と求まります。一方、式 $\sin 2\pi\nu t$ は t が1秒増えるごとに $\sin$ の中が $2\pi\nu$ 増えるので、1秒で ν 回振動する、つまり振動数 ν の波を表します。よって式 (4.55) から $2\pi\nu t = \frac{m\pi v}{a} t$ を解いて振動数 $\nu = \frac{mv}{2a}$ と求まります。まとめると波長、振動数は

$$波長は \lambda = \frac{2a}{m} 、振動数は \nu = \frac{mv}{2a} \tag{4.56}$$

となります。

ここで $m = 1$、2、3、…の値を取りますから、m の値に応じてさまざまな波があることになります。つまり、

$$\begin{cases} m = 1 & 波長 \lambda = 2a、振動数 \nu = \frac{v}{2a} の波 \\ m = 2 & 波長 \lambda = \frac{2a}{2}、振動数 \nu = \frac{2v}{2a} の波 \\ m = 3 & 波長 \lambda = \frac{2a}{3}、振動数 \nu = \frac{3v}{2a} の波 \\ m = 4 & 波長 \lambda = \frac{2a}{4}、振動数 \nu = \frac{4v}{2a} の波 \\ \cdots & \end{cases}$$

が波の解になっていることがわかります。この様子を図示したものがこの章のはじめにも紹介した次の図です。

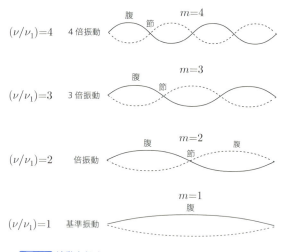

図4.7 波動方程式における定在波の解、固有振動の様子

　これらの波を固有振動などといいます。つまり、ギター等の弦の振動を波動方程式で調べると、基準となる振動の波（基準振動）の$2, 3, 4, \cdots$倍の振動数の波も解となっていることがわかります。この振動数$2, 3, 4$倍の波を倍振動、音楽の世界では倍音とよぶのです。これで高校で学ぶ倍音をきちんと数式で導くことができました。

　以上は身近に感じてもらうため、音楽と倍音と絡めて倍振動を説明しましたが、ここで使った方法は後のシュレーディンガー方程式など波の式の計算で一般に現れる大変重要な方法です。ぜひ、図や式をよく見なおして理解しておきましょう。

4.6 2次元の定在波

❖大まかな様子

のちに詳しく学ぶシュレーディンガー方程式では空間x,y,zの3次元の場合の波が出てきます。ここでは簡単のため空間x,yの2次元の場合について、身近な波に適用される波動方程式の定在波の大まかな様子を押さえておきましょう。2次元波動方程式は以下のようになります。

$$\frac{\partial^2 \psi}{\partial t^2} = v^2 \left(\frac{\partial^2 \psi}{\partial x^2} + \frac{\partial^2 \psi}{\partial y^2} \right) \tag{4.57}$$

2次元の波の身近な例は太鼓です。太鼓は1次元の弦ではなく、2次元の膜が振動します。ただし実際の多くの太鼓は膜が丸く円の形をしていて数学的に扱いにくいです。

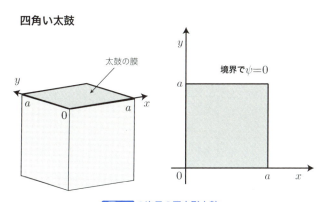

図4.8 2次元の正方形太鼓

そこでここでは簡単のために、図のように立方体の1面が正方形の太鼓の膜になっている正方形太鼓を考えます。この正方形太鼓における振動を$\psi(x,y,t)$で表します。正方形の膜は、境界で固定されているとします。

太鼓は端（境界）で固定されているので、境界での振動（波）の値は0になります。つまり、波 $\psi(x, y, t)$ の境界条件は (x, y) を太鼓上の座標として、

$$\begin{cases} \psi(0, y, t) = \psi(a, y, t) = 0 \\ \psi(x, 0, t) = \psi(x, a, t) = 0 \end{cases} \tag{4.58}$$

です。

　この2次元太鼓の波の様子を波動方程式を用いて解くことは次節で行いますが、ここではまず大まかな波の様子を紹介しましょう。まず、1次元のときと同じように、倍振動があると考えられます。ただし、x, y の2方向の倍振動です。この様子を、m を x 方向の振動、n を y 方向の振動を表すとして図にしたものが次の図です。

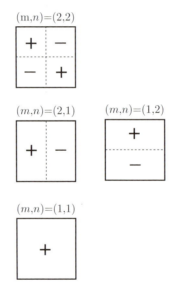

図4.9 2次元の考えられるいくつかの定在波

　基準となる振動は $(m, n) = (1, 1)$ の振動です。次に倍振動が考えられますが、横方向のみ2倍振動の波 $(m, n) = (2, 1)$ と縦方向のみ2倍振動の波 $(m, n) = (1, 2)$ の波が考えられます。さらに横と縦両方2倍振動の波 $(m, n) = (2, 2)$ の波が考えられます。さらに図にはありませんが、m, n の

値が $3, 4, 5, \cdots$ といった振動も考えられます。

❖きちんと解いてみよう

　大まかな様子を紹介したので、それでは2次元の場合もきちんと解いてみましょう。今、1次元の波の場合と同じように、波が x, y, t に関して変数分離できるとします。つまり、

$$\psi(x, y, t) = X(x)Y(y)T(t) \tag{4.59}$$

です。これを波動方程式（4.57）に代入すると、

$$X(x)Y(y)\frac{\partial^2 T(t)}{\partial t^2} = v^2 T(t)Y(y)\frac{\partial^2 X(x)}{\partial x^2} + v^2 T(t)X(x)\frac{\partial^2 Y(y)}{\partial y^2} \tag{4.60}$$

となります。両辺を $X(x)Y(y)T(t)v^2$ で割って左辺に時間に関する項を集めると、

$$\frac{1}{T(t)v^2}\frac{\partial^2 T(t)}{\partial t^2} = \frac{1}{X(x)}\frac{\partial^2 X(x)}{\partial x^2} + \frac{1}{Y(y)}\frac{\partial^2 Y(y)}{\partial y^2} \tag{4.61}$$

となります。「時間 t の関数＝ x の関数＋ y の関数」となっていますが、全ての t, x, y についてこの式が成り立つので、式（4.61）の各項は全て定数であることが必要です。この定数をそれぞれ $\alpha^2, \beta^2, \gamma^2$ とすると式（4.61）は、

$$\begin{cases} \dfrac{1}{T(t)v^2}\dfrac{\partial^2 T(t)}{\partial t^2} = \alpha^2 & \text{(4.62a)} \\[2mm] \dfrac{1}{X(x)}\dfrac{\partial^2 X(x)}{\partial x^2} = \beta^2 & \text{(4.62b)} \\[2mm] \dfrac{1}{Y(y)}\dfrac{\partial^2 Y(y)}{\partial y^2} = \gamma^2 & \text{(4.62c)} \\[2mm] \alpha^2 = \beta^2 + \gamma^2 & \text{(4.62d)} \end{cases}$$

となります。具体的な α, β, γ の値は計算の過程で求まります。ここから、

$$\begin{cases} \dfrac{\partial^2 T(t)}{\partial t^2} = \alpha^2 v^2 T(t) & \text{(4.63a)} \\[6pt] \dfrac{\partial^2 X(x)}{\partial x^2} = \beta^2 X(x) & \text{(4.63b)} \\[6pt] \dfrac{\partial^2 Y(y)}{\partial y^2} = \gamma^2 Y(y) & \text{(4.63c)} \\[6pt] \alpha^2 = \beta^2 + \gamma^2 & \text{(4.63d)} \end{cases}$$

となり、単純な1次元の微分方程式に変数分離されました。

ここで、x, y 方向の解は前節の1次元の場合と方程式並びに境界条件がまったく同じなので、1次元の場合の解の式（4.45）をそのまま使うことができて、

$$X(x) = \sin\frac{m\pi}{a}x, \quad Y(y) = \sin\frac{n\pi}{a}y \qquad (4.64)$$

となります。これを波動方程式を変数分離した式（4.63）に代入すると、

$$\begin{cases} \dfrac{\partial^2 X(x)}{\partial x^2} = -\left(\dfrac{m\pi}{a}\right)^2 X(x) = \beta^2 X(x) & \text{(4.65a)} \\[8pt] \dfrac{\partial^2 Y(y)}{\partial y^2} = -\left(\dfrac{n\pi}{a}\right)^2 Y(y) = \gamma^2 Y(y) & \text{(4.65b)} \\[8pt] \alpha^2 = \beta^2 + \gamma^2 = -\dfrac{(m^2+n^2)\pi^2}{a^2} & \text{(4.65c)} \end{cases}$$

となります。ここで、式（4.65c）を得るために式（4.65a）（4.65b）の結果を使っています。この結果を式（4.63a）に代入すると、

$$\frac{\partial^2 T(t)}{\partial t^2} = -\frac{(m^2+n^2)\pi^2 v^2}{a^2}T(t) \qquad (4.66)$$

となるので、この微分方程式を初期条件 $T(0) = 0$ の下で解くと4.4節と同様に、

$$T(t) = \sin\frac{\sqrt{(m^2+n^2)}\pi v}{a}t \qquad (4.67)$$

となります。以上から波の式は、

$$\psi(x,y,t) = A\sin\frac{\sqrt{m^2+n^2}\pi v}{a}t\ \sin\frac{m\pi}{a}x\ \sin\frac{n\pi}{a}y \qquad (4.68)$$

と求まりました。

さて、このとき振動数νは4.5節と同様にして
$T(t)=\sin\frac{\sqrt{m^2+n^2}\pi v}{a}t=\sin 2\pi\nu t$ から、

$$\nu = \sqrt{m^2+n^2}\frac{v}{2a} \qquad (4.69)$$

となります。この結果は1次元の場合とは全く異なります。1次元の弦の場合は基準音に対し、振動数が2、3、4、…倍の音の波（倍音の波）が波動方程式の解になっていました。しかし、2次元の正方形太鼓の場合は振動数の式（4.69）より、振動数は$\sqrt{m^2+n^2}$に比例し、2、3、4、…倍にはならないことがわかります。このように、2次元の場合には単純な倍音にはなりません。例えば太鼓などは2次元の膜が音を出すので、太鼓の音は倍音ではないのです。

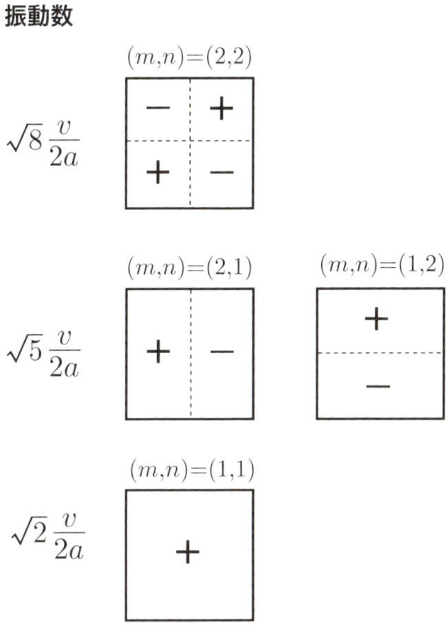

図4.10 2次元のいくつかの定在波の振動数

具体的に計算すると、1番目に低い音の振動数は$(m, n) = (1, 1)$の場合で、2番目に低い音の振動数は図の$(m, n) = (1, 2)$または$(m, n) = (2, 1)$の場合です。3番目に低い音の振動数は$(m, n) = (2, 2)$の場合です。式（4.69）から具体的に計算すると、

$$\begin{cases} 1\text{番目に低い音} & \nu = \sqrt{1^2 + 1^2}\dfrac{v}{2a} = \sqrt{2}\dfrac{v}{2a} \\ 2\text{番目に低い音} & \nu = \sqrt{1^2 + 2^2}\dfrac{v}{2a} = \sqrt{5}\dfrac{v}{2a} \\ 3\text{番目に低い音} & \nu = \sqrt{2^2 + 2^2}\dfrac{v}{2a} = \sqrt{8}\dfrac{v}{2a} \\ \cdots & \end{cases} \tag{4.70}$$

となります。2番目に低い音は1番目に低い音の$\sqrt{\frac{5}{2}}$倍であり、確かに2倍の倍音になっていません。

さて、ここでもう1つ、あとで重要になる性質を紹介します。$(m, n) = (2, 1)$の波と$(m, n) = (1, 2)$の波は、図のように同じ振動数$\sqrt{5}\frac{v}{2a}$を与えます。このように、**2次元になると異なる波が同じ振動数になる場合があります。これと似た現象は第9章で詳しく紹介しますが、量子論では縮退とよばれ、大変重要になります。**

❖円の場合の定在波

今度は同じ2次元ですが、円形の膜の場合の様子を調べてみましょう。円形膜の様子は、のちに水素原子などのミクロの世界の波の性質に似ている部分がかなりあるので、ここで基本的な性質を紹介します。ただし、正方形の場合と比べて円の場合の計算式は煩雑なので、ここでは結果のみを紹介します。計算の詳細を知りたい人は参考文献［5］などを参照するとよいでしょう。

正方形の場合の波は横方向と縦方向の波がありましたが、円形の場合は原点からの距離r方向の波と角度θ方向の波があります。ここで、rとθは図4.11左図で与えられ、r方向を動径方向、θ方向を角度方向といいます。

円形の場合の波の大まかな様子は図4.11右図のようになります。

右図を見ると、rつまり原点からの距離が増す方向に波ができています。これは上から下に行くにつれてr方向の波の符号が変わる節が0, 1, 2と増えていることからわかります。また、θつまり角度方向にも波ができています。これは右図で左から右に行くにつれて、θ方向の波の節が増えていることからわかります。

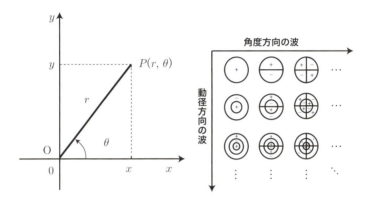

図4.11 動径方向r、角度θ方向の極座標で見た2次元の定在波

角度方向の波は、

$$\sin n\theta \quad , n\text{は整数} \tag{4.71}$$

と表せることが知られています。左から右に行くにつれて節の数が増え、角度方向の波長が徐々に短くなっていることがわかります。参考のため結論のみを示すと、角度$\theta=0$の方向をうまく選ぶことにより円形の波は、

$$\Psi(r,\theta) = AJ_n(k_{n,m}r)\sin n\theta \tag{4.72}$$

と表されることが知られています。ここでJ_nはn次の第1種ベッセル関数とよばれる関数です。

4.7 前期量子論、シュレーディンガー方程式との比較

❖前期量子論との比較

　以上、身近な定在波を学んだ所で、早速量子論との関連を説明しましょう。まずは前期量子論との比較です。第1章で学んだ前期量子論では、$2\pi r = n\lambda$ のときに定常状態とよばれる安定な状態ができるのでした。この前期量子論ででてくる定常状態の波は、本章で学んだ定在波に相当すると考えられます。つまり、波動方程式から空間部分を変数分離して求まる定在波が、前期量子論における定常状態と関係すると考えられるのです。

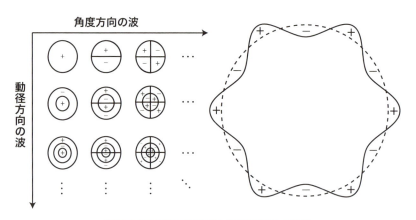

図4.12 円の場合の定在波と前期量子論との比較

　図4.12を見てみましょう。左図は円の波動方程式における定在波の様子、右図は前期量子論における原子の定常状態です。左図、右図ともに角度方向の波があることがわかります。このように、前期量子論の定常状態の波の様子は、波動方程式からも大まかに再現することができました。

❖シュレーディンガー方程式との比較

ここでは円の波動方程式の解と、シュレーディンガーの解の様子を眺めておきましょう。図4.13には円の波動方程式の解の様子と、後の第11章で解く水素原子のシュレーディンガー方程式の確率密度$|\psi|^2$が比較されています。確率密度$|\psi|^2$は＋、−の値の絶対値が大きい所は黒く、ゼロに近いほど白くなります。

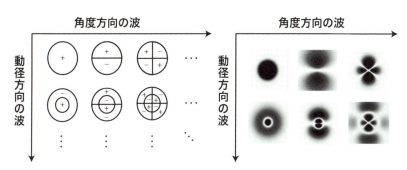

図4.13 2次元円形波動方程式の解（左）と水素の定在波（右）の比較

動径方向の波を比較してみましょう。図を比較してみると、右図も左図も一番上の図は動径方向に節なしであり、上から2番目の図は節が1つあります。角度方向は、図を比較してみると、右図も左図も角度方向の波があり、節がある角度は異なりますが波の節の数も一致しています。このように、波の詳細は異なっていても、動径方向、角度方向の節の数はよく似てる側面があります。今後、具体的にシュレーディンガー方程式を解いていきますが、その際はぜひ、節の様子に注意してみましょう。

章末確認問題

1. ギターやバイオリンの弦（1次元）で400Hzの音を出したとき、他にどんな音が含まれるか。
2. 正方形の太鼓（2次元）で400Hzの音を出した時、他にどんな音が含まれるか。
3. $\frac{\partial^2 \psi}{\partial t^2} = v^2 \frac{\partial^2 \psi}{\partial x^2}$ において波が $\psi = \varphi(x) T(t)$ と書けるとき、$\varphi(x)$、$T(t)$ の満たす方程式をそれぞれ書け。

第5章

シュレーディンガー方程式とミクロな世界に現れるさまざまなエネルギー

　第4章までに準備が整ったので、この章ではシュレーディンガー方程式を詳しく紹介します。その過程で、変数分離法を用いてシュレーディンガー方程式を簡単にする方法を紹介します。また、シュレーディンガー方程式では力ではなくポテンシャルエネルギーが重要になります。そこでこの章では代表的なポテンシャルエネルギーについて学びます。

5.1 シュレーディンガー方程式を類推してみよう

❖電子波は普通の波動方程式を満たさない

本章では、第2章に出てきたシュレーディンガー方程式がどのように出てくるのか、類推してみましょう。簡単のために、位置エネルギーVがゼロ、つまり力が働かない<u>自由粒子</u>の場合を考えます。しかしながら私達はまだ自由粒子の電子波がどのように与えられるかを知りません。そこでここではまず、自由粒子の電子波が速度vで進む波の式 (2.19) と同じく、

$$\psi = A\sin(kx - \omega t) \tag{5.1}$$

で与えられると仮定しましょう。ただしこの仮定は間違いで、修正が必要になることがすぐに明らかになりますが、シュレーディンガー方程式を類推するために最初はこの式を使ってみます。

第4章で学んだ波動方程式 $\frac{\partial^2 \psi}{\partial t^2} = v^2 \frac{\partial^2 \psi}{\partial x^2}$ では時間t、位置xに関して2階微分しているので、まずは電子の満たす方程式もこれと似た式になるかを確かめてみましょう。そのために波の式(5.1)をそれぞれt, xで2階微分して様子を見てみます。すると、$\frac{d\sin kx}{dx} = k\cos kx, \frac{d\cos kx}{dx} = -k\sin kx$ なので、

$$\frac{\partial^2 \psi}{\partial t^2} = -A\omega^2 \psi$$

$$\frac{\partial^2 \psi}{\partial x^2} = -Ak^2 \psi$$

と、それぞれω^2, k^2が出てきます。そのため、もしも仮に電子波が波動方程式と同じように式$\frac{\partial^2 \psi}{\partial t^2} = a\frac{\partial^2 \psi}{\partial x^2}$という形で表されるとすると、

$$\omega^2 = ak^2 \tag{5.2}$$

という関係が成立する必要があります。しかしながら、以下に示すように電子の場合このような関係式は成立しないことが知られています。そのことを示すために、第1、2章の物質波の議論を思い出しましょう。そこでは

式 (2.23) より物質波は角振動数 ω、波数 k としてエネルギー $E = \hbar\omega$、運動量 $\hbar k$ を持つのでした。位置エネルギー $V = 0$ のとき、エネルギー E と運動量 p の間には簡単な関係 $E = \frac{mv^2}{2} = \frac{p^2}{2m}$ があるので、$E = \hbar\omega$, $p^2 = \hbar^2 k^2$ を $E = \frac{p^2}{2m}$ に代入すると、

$$\hbar\omega = \frac{\hbar^2 k^2}{2m} \tag{5.3}$$

が成り立ちます。このとき、左辺が ω の1次式、右辺が k の2次式になっていることに注意しましょう。一方で式 (5.2) は左辺が ω の2次式、右辺が k の2次式です。よって式 (5.2) は自由粒子の電子の場合成立しないことがわかりました。

❖ 自由粒子の電子波の満たすシュレーディンガー方程式

エネルギーと運動量の関係式 (5.3) がでてくるためには、波動方程式と異なり、電子の満たす方程式の時間の微分が2階ではなく1階であることが必要です。そのような1つの候補として、

$$\frac{\partial \psi}{\partial t} = a \frac{\partial^2 \psi}{\partial x^2} \tag{5.4}$$

を考えてみましょう（a の値は後で決めます）。しかし、これでもまだ問題があります。左辺が1階微分の場合、$\frac{\partial \sin(kx - \omega t)}{\partial t} = -\omega \cos(kx - \omega t)$ となり、$\psi = \sin(kx - \omega t)$ とは異なる関数（cos関数）になってしまいます。左辺=右辺なる方程式が成り立つためには、1階微分しても2階微分しても同じ関数が現れることが望ましいのです。そのような関数として指数関数 e^{ax} や e^{iax} が知られています。ここで e^{ix} はオイラーの公式により、

$$e^{ix} = \cos x + i \sin x \tag{5.5}$$

と三角関数と結びつきます。そこで $\sin(kx - \omega t)$ の代わりに、指数関数 e^{iax} を使って $\psi = e^{i(kx - \omega t)}$ なる複素数の波を導入しましょう（この関数の虚数部分が最初の波の式 $\sin(kx - \omega t)$ です。また、もう一つの指数関数 e^{ax} を使うと $e^{(kx - \omega t)}$ ですが、これは $t \to -\infty$ で発散するので使えません）。すると $\frac{de^{iax}}{dx} = iae^{iax}$ ですから、式 (5.4) に複素数の波の式 $= e^{i(kx - \omega t)}$ を代入して、

$$\frac{\partial e^{i(kx-\omega t)}}{\partial t} = a\frac{\partial^2 e^{i(kx-\omega t)}}{\partial x^2} \tag{5.6}$$

としてみます。この微分を計算すると、

$$-i\omega e^{i(kx-\omega t)} = a(ik)^2 e^{i(kx-\omega t)}$$

となるのでまとめると、

$$i\omega\psi = ak^2\psi \tag{5.7}$$

となります。この式は、左辺がωの1次式、右辺がkの2次式なのでaの値を調整することにより、エネルギーと運動量の式 (5.3) の $\hbar\omega = \frac{\hbar^2 k^2}{2m}$ を再現することができそうです。aを決めるために、式 (5.7) のψを落として両辺に$\hbar$をかけます。

すると、

$$i\hbar\omega = a\hbar k^2 \tag{5.8}$$

となります。ここで$\hbar\omega = \frac{\hbar^2 k^2}{2m}$が成立すると仮定すると、

$$i\hbar\omega = i\frac{\hbar^2 k^2}{2m} = a\hbar k^2 \tag{5.9}$$

となります。よって式 (5.9) から

$$a = \frac{\hbar i}{2m} \tag{5.10}$$

となりました。これで$\hbar\omega = \frac{\hbar^2 k^2}{2m}$が成立するときの$a$の値が決まったので、再び式 (5.6) に代入すると、電子の満たす方程式は、

$$\frac{\partial e^{i(kx-\omega t)}}{\partial t} = \frac{\hbar i}{2m}\frac{\partial^2 e^{i(kx-\omega t)}}{\partial x^2} \tag{5.11}$$

となりますが、両辺に$i\hbar$をかけて波動関数$e^{i(kx-\omega t)}$をψであらわすと、

$$i\hbar\frac{\partial \psi}{\partial t} = -\frac{\hbar^2}{2m}\frac{\partial^2 \psi}{\partial x^2} \tag{5.12}$$

となり、第2章で紹介した自由粒子のシュレーディンガー方程式（2.26）が再現できました！

❖電子波の満たすシュレーディンガー方程式

自由粒子ではなく、一般の$V \neq 0$の場合は以下のようにします。再び$\psi = e^{i(kx-\omega t)}$を自由粒子のシュレーディンガー方程式(5.12)に代入すると、

$$i\hbar(-i\omega)\psi = -\frac{\hbar^2}{2m}(ik)^2\psi \rightarrow \hbar\omega\psi = \frac{\hbar^2 k^2}{2m}\psi \tag{5.13}$$

が出てきます。これは$E = \hbar\omega$, $p = \hbar k$より、

$$i\hbar\frac{\partial \psi}{\partial t} = -\frac{\hbar^2}{2m}\frac{\partial^2 \psi}{\partial x^2} \rightarrow E\psi = \frac{p^2}{2m}\psi \tag{5.14}$$

を意味します。ここで位置エネルギーVがある場合、式（5.14）は、

$$E\psi = (\frac{p^2}{2m} + V)\psi \tag{5.15}$$

となると考えられるので、位置エネルギーVがある場合のシュレーディンガー方程式は式（5.14）、（5.15）を比較すると、

$$i\hbar\frac{\partial \psi}{\partial t} = \left(-\frac{\hbar^2}{2m}\frac{\partial^2}{\partial x^2} + V\right)\psi \tag{5.16}$$

となると考えられます。実際、この式で$V=0$と置くと自由粒子のシュレーディンガー方程式（5.12）が出てきます。

このようにして、第2章に出てきたシュレーディンガー方程式が類推されました。しかしながらここで類推されたシュレーディンガー方程式は、シュレーディンガー方程式を理論的に証明したのではありません。古典物理学における運動方程式$m\frac{d^2x}{dt^2} = F$が証明された式ではないのと同じように、さまざまな状況から電子の満たすシュレーディンガー方程式が推測されたわけです。しかしながら、このシュレーディンガー方程式の有効性は世界中で検証され、ミクロの世界を記述する正しい方程式と考えられています。

5.2 変数分離法と時間に依存しないシュレーディンガー方程式

❖変数分離法

シュレーディンガー方程式、

$$i\hbar \frac{\partial \psi}{\partial t} = -\frac{\hbar^2}{2m}\frac{\partial^2 \psi}{\partial x^2} + V(x,t)\psi \qquad (5.17)$$

は時間tと位置xの微分方程式で、これを解くことは一般には簡単ではありません。しかしながら、位置エネルギー$V(x,t)$が時間によらず位置xの関数$V(x)$の場合[*1]は、第4章の定在波の同じように変数分離法が使え、方程式が簡単になることが知られています。

今、位置エネルギーが位置の関数$V(x)$とし、$\psi(x,t) = \varphi(x)T(t)$と変数分離できるとしてシュレーディンガー方程式に代入すると、

$$i\hbar \frac{\partial \varphi(x)T(t)}{\partial t} = -\frac{\hbar^2}{2m}\frac{\partial^2 \varphi(x)T(t)}{\partial x^2} + V(x)\varphi(x)T(t) \qquad (5.18)$$

となりますが、微分と無関係な部分を微分の外に出すと、

$$i\hbar \varphi(x)\frac{\partial T(t)}{\partial t} = -\frac{\hbar^2}{2m}\frac{\partial^2 \varphi(x)}{\partial x^2}T(t) + V(x)\varphi(x)T(t) \qquad (5.19)$$

となります。ここで両辺を$\varphi(x)T(t)$で割り、左辺に時間tに関する項、右辺に空間xに関する項でまとめていくと、

$$\frac{i\hbar}{T(t)}\frac{\partial T(t)}{\partial t} = -\frac{\hbar^2}{2m\varphi(x)}\frac{\partial^2 \varphi(x)}{\partial x^2} + V(x) \qquad (5.20)$$

となります。左辺は時間に関する関数、右辺は空間に関する関数であり、右辺＝左辺が常に成り立つので、辺の値は定数であることが必要です。そこでこの定数をEと置くと、

[*1] 位置と時間によって変化する位置エネルギー$V(x,t)$ではない。

$$\frac{i\hbar}{T(t)}\frac{\partial T(t)}{\partial t} = -\frac{\hbar^2}{2m\varphi(x)}\frac{\partial^2 \varphi(x)}{\partial x^2} + V(x) = E \tag{5.21}$$

となります。

❖ 空間部分の式 $\varphi(x)$

ここから式（5.21）の真ん中の式と右辺の式が等しいので、

$$-\frac{\hbar^2}{2m\varphi(x)}\frac{\partial^2 \varphi(x)}{\partial x^2} + V(x) = E \tag{5.22}$$

が成り立ちますが、両辺に $\varphi(x)$ をかけると、

$$-\frac{\hbar^2}{2m}\frac{d^2 \varphi(x)}{dx^2} + V(x)\varphi(x) = E\varphi(x) \tag{5.23}$$

となり、空間部分のシュレーディンガー方程式を得ます。この式（5.23）を**時間に依存しないシュレーディンガー方程式**といいます。

❖ 時間部分の式 $T(t)$

一方で時間部分は式（5.21）の左辺の式と真ん中の式から、

$$\frac{i\hbar}{T(t)}\frac{\partial T(t)}{\partial t} = E \tag{5.24}$$

となりますが、両辺に $T(t)$ をかけると、

$$i\hbar\frac{dT(t)}{dt} = ET(t) \tag{5.25}$$

となります。この方程式の解は簡単に解けて $T(t) = e^{-i\frac{E}{\hbar}t}$ となります。実際に $T(t) = e^{-i\frac{E}{\hbar}t}$ を式（5.25）の左辺に代入すると、

$$i\hbar\frac{dT(t)}{dt} = i\hbar\left(-i\frac{E}{\hbar}\right)T(t) = ET(t)$$

となり、確かに式（5.25）が成り立っていることがわかります。

❖位置エネルギーが時間に依存しないシュレーディンガー方程式の解

以上から位置エネルギーが時間に依存しない$V(x)$の場合のシュレーディンガー方程式の解（波の式）は、

$$\psi(x,t) = \varphi(x)T(t) = \varphi(x)e^{-i\frac{E}{\hbar}t} \tag{5.26}$$

となります。ここで$\varphi(x)$、Eは時間に依存しないシュレーディンガー方程式（5.23）から求まります。

時間に依存しないシュレーディンガー方程式

シュレーディンガー方程式においてポテンシャルが時間に依存せず$V(x)$と書ける場合、波動関数$\psi(x,t)$は空間部分の波$\varphi(x)$と時間部分の波$e^{-i\frac{E}{\hbar}t}$を使って、

$$\psi(x,t) = \varphi(x)e^{-i\frac{E}{\hbar}t} \tag{5.27}$$

と分離できる。空間部分の波$\varphi(x)$とEは、時間に依存しないシュレーディンガー方程式、

$$\left(-\frac{\hbar^2}{2m}\frac{d^2}{dx^2} + V(x)\right)\varphi(x) = E\varphi(x) \tag{5.28}$$

を解くと求まる。

標準的な学部生向けの量子論の本はこの時間に依存しないシュレーディンガー方程式（5.28）を解くことに多くのページがさかれます。そこで、シュレーディンガー方程式の解といった場合、この時間に依存しないシュレーディンガー方程式をさす場合がしばしばあります。また、時間成分の波$e^{-i\frac{E}{\hbar}t}$も省略することがしばしばあります。本書でも以下、この時間に依存しないシュレーディンガー方程式について詳しく紹介し、また時間成分の波$e^{-i\frac{E}{\hbar}t}$は省略します。

5.3 典型的なエネルギー

シュレーディンガー方程式では位置エネルギーVが重要になります。ここでは代表的な位置エネルギーVを紹介します。

❖水素原子のポテンシャルエネルギー

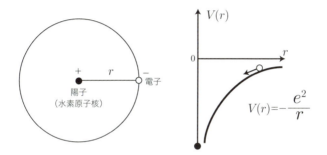

図5.1 水素原子とクーロンポテンシャル

水素原子は図のようにマイナスの電気を持った電子がプラスの電気を持った原子核の周りを回っています。水素原子の原子核には陽子が一個あるので、水素原子における電子がうける電気の力（**クーロン力**）は**クーロンの法則**より、

$$F = -\frac{e^2}{r^2} \tag{5.29}$$

となります。よって**クーロンポテンシャル**（クーロン力の位置エネルギー）は図のように、

$$V(r) = -\frac{e^2}{r} \tag{5.30}$$

となります。このとき、$F = -\frac{dV}{dr}$を満たします。電子はポテンシャルの小さくなる方向、つまりrが小さくなる方向に力が働きます。また、原子番

号Zの原子は原子核に陽子がZ個あるので、電子が陽子数Zの原子核から感じるクーロンポテンシャルは、

$$\frac{-Ze^2}{r} \tag{5.31}$$

となります。

❖原子核のポテンシャルエネルギー

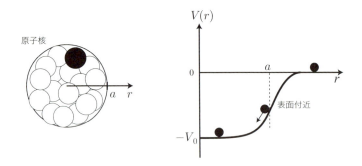

図5.2 原子核とそのポテンシャル

　原子核では中性子と陽子が図のように集まって原子核を構成しています。例えば酸素原子核の多くは陽子8個、中性子8個が集まって原子核を構成しています。陽子と中性子をまとめて**核子**といいます。核子の間には**核力**とよばれる強い力が働いていて、その結果図5.2左図のように核子が集まって原子核ができます。原子核を構成する核力によるポテンシャルは、図のようなポテンシャルで近似的に表されます。核子が表面付近に近づくと中の方に引っ張られるポテンシャルであり、ある一定の大きさの球の中に核子が閉じ込められています。

　ただし、陽子の場合は図5.2の核力によるポテンシャルに加えて、原子核の中にある陽子がつくるクーロン力によるポテンシャルが加わります（8章の図8.4参照）。

❖井戸型ポテンシャル

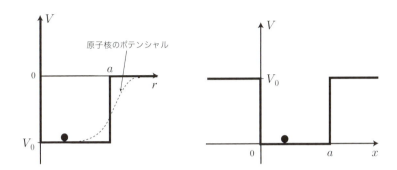

図5.3 井戸型ポテンシャル

　井戸型ポテンシャルは**箱型ポテンシャル**ともいわれます。井戸型ポテンシャルはしばしば量子力学の教科書に登場します。その理由の1つは、高校数学程度の予備知識があれば自分で簡単に解ける例であるので、量子論を理解するのに便利であるからという点が挙げられます。

　そうはいっても実際の世界と無関係というわけではありません。例えば図5.2の原子核のポテンシャルエネルギーは図5.3左図のような有限の深さの井戸に閉じ込められている様子と似ています。実際、原子核のおおまかな様子を図5.3左図の井戸型ポテンシャルで説明することもあります。井戸型ポテンシャルは原子核や原子ほか「閉じ込められている粒子」等を考える上での簡単なモデルになっているのでしばしば使われるのです。また、図5.3右図のような箱形ポテンシャルを考えることもありますが、これについては第6章で紹介します。

❖調和振動子ポテンシャル

　高校の力学において、ばね（単振動）の運動とエネルギーが重要であったように、量子論でもこれと同等の問題は重要になります。ばねの力は**フックの法則**より$F=-kx$で与えられ、運動方程式は、

$$m\frac{d^2x}{dt^2} = -kx \tag{5.32}$$

であり、ばねのエネルギーは、

$$ばねのエネルギー = \frac{1}{2}kx^2 \tag{5.33}$$

で与えられます。式（5.32）の運動方程式の解は三角関数 $x = A\sin\omega t + B\cos\omega t$ で与えられますが、三角関数の値が 0 となる時刻を $t=0$ にとると、角振動数を ω として、

$$x = A\sin\omega t \tag{5.34}$$

と書けます。ω の値は以下の計算で求まります。式（5.34）を運動方程式に代入すると、

$$m\frac{d^2(A\sin\omega t)}{dt^2} = -m\omega^2(A\sin\omega t) = -k(A\sin\omega t) \tag{5.35}$$

なので、$k = m\omega^2$ となります。ここから $\omega = \sqrt{\frac{k}{m}}$ と求まります。

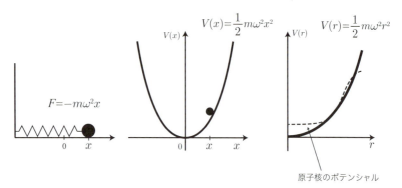

図5.4 調和振動子とそのポテンシャルエネルギー

$k = m\omega^2$ よりフックの法則 $F = -kx$ とばねのエネルギー $\frac{1}{2}kx^2$ を質量 m と角振動数 ω で表すと、図のようにフックの法則 $F = -m\omega^2 x$ および、

$$ばねのエネルギー = \frac{1}{2}m\omega^2 x^2 \tag{5.36}$$

となります。ばねに相当するポテンシャルは**調和振動子ポテンシャル**とよばれ、

$$\frac{1}{2}m\omega^2 x^2 \tag{5.37}$$

で与えられます。量子論ではこの調和振動子ポテンシャルの名前が使われます。図5.4右図ではxのかわりに原点からの距離r方向（これを動径方向という）の調和振動子ポテンシャル、

$$\frac{1}{2}m\omega^2 r^2 \tag{5.38}$$

が描かれています。調和振動子はさまざまな問題に顔を現わしますが、ここでは原子核のポテンシャルを例にとりましょう。図5.4右図のように、原子核のポテンシャルの形は調和振動子のポテンシャルの形とよく似ています。そのため、しばしば扱いやすい調和振動子のポテンシャルが使われます。

5.4 角運動量と遠心ポテンシャルエネルギー

❖角運動量と遠心ポテンシャル

　角運動量と遠心ポテンシャルは第10, 11章で3次元の問題を考える際、しばしば重要になります。ここではまず簡単のため、等速円運動をしている場合を考えましょう。このとき角運動量とよばれる量lは高校などで学ぶように、

$$l = rp (= rmv) \tag{5.39}$$

で表されます。ここでrは円運動の半径、pは運動量です。角運動量$l = rp$の式から、例えば回転する物体の運動量$p = mv$が大きく、かつ原点から遠

く（つまりrが大きい）を回ると角運動量$l=rp$は大きくなることから、直感的には「角運動量は回転の勢い」と考えるとよいでしょう。

この角運動量は**遠心力**と関連つけられます。遠心力は例えば車などがカーブに差し掛かるときに外向きに受ける力です。等速円運動の場合の遠心力は$m\frac{v^2}{r}$ですが、角運動量$l=rmv$を使うと、

$$遠心力 = \frac{mv^2}{r} = \frac{l^2}{mr^3} \tag{5.40}$$

となります。つまり、角運動量l（回転の勢い）が大きく、距離rが小さいほど遠心力は大きくなります。力とポテンシャルの間には$F=-\frac{dV}{dr}$の関係があることを考えると、遠心力によるポテンシャル、つまり**遠心ポテンシャル**は、

$$遠心ポテンシャル = \frac{l^2}{2mr^2} \tag{5.41}$$

となります。この遠心ポテンシャルは3次元シュレーディンガー方程式において重要な役割を果たすことを第10章で紹介します。

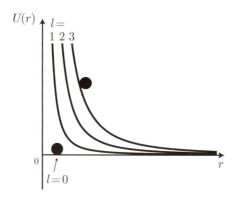

図5.5 遠心ポテンシャル$\frac{l^2}{2mr^2}$の模式図

遠心ポテンシャルのうち、$l=0$と$l\neq 0$のときの大まかな様子を図にしました。$l=0$のときは遠心ポテンシャルは0になり、遠心力は式（5.40）より0ですが、$l\neq 0$のときは図のようになり、lが大きくなるほど遠心ポテン

シャルは大きくなり、遠心力も式(5.40)より大きくなることがわかります。

❖角運動量の向き

量子論では角運動量はしばしば出てくるので、もう少し詳しく角運動量を調べましょう。

角運動量には向きと大きさがあります。先ほど学んだ等速円運動の場合について、角運動量の大きさと向きを調べてみましょう。円運動の場合の角運動量lの大きさは$l=rp$でした。rpは図のように辺の長さがrとpで作られた四角形の面積$S=rp$に相当します。面積が大きいほど角運動量$l=rp$は大きくなります。

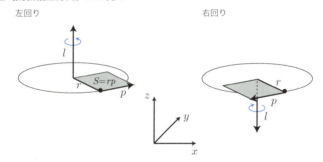

図5.6 上向き及び下向きのz軸回りの角運動量とxyz座標軸の関係

それでは角運動量の向きとは何でしょう？ 図は左図が上から見て左回り、右図が上から見て右回りです。逆向きに回転しているので、回転の向きを角運動量の向きに関連づけましょう。まず、角運動量の方向はrとp両方に垂直な方向とします。つまり、角運動量の方向は回転軸の方向です。例えば図のようにrとpがx, y平面にあるとすると、角運動量の方向は図のようにz軸の方向になります[*2]。これは図ではz軸回りにくるくる回っている様子を考えればわかりやすいでしょう。つまり、**z軸回りにくるくる回っている粒子の角運動量はz方向である**ということです。z方向の角運動量は量子論でしばしば出てくるので、ここで図を見て理解しておきましょう。

＊2 ただし、座標系は右手系とする。

角運動量の方向はわかったので、次に角運動量の向きを求めましょう。結論からいえば、左図がz軸正の向きの角運動量で$l=rp$、右図がz軸負の向きの角運動量で$l=-rp$となります。ここではとりあえず回転軸正方向から回転面を見て左回りならば正、右回りならば負と考えるとよいでしょう。以上は結果論ですが、きちんとした説明を以下に示します。

❖符号付き面積と外積

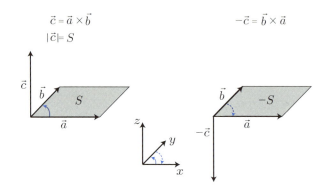

図5.7 ベクトルの外積$\vec{a}\times\vec{b}$と符号付き面積

角運動量をきちんと理解するためには**符号付き面積**と**外積**とよばれる概念を導入すると便利です。今、図のように二つのベクトル$\vec{a}$、$\vec{b}$が作る平行四辺形の面積をSとします。そして**$\vec{a}$と$\vec{b}$の外積を$\vec{a}\times\vec{b}$と書き**、外積$\vec{a}\times\vec{b}$は以下の性質を満たします。

▶符号付き面積

外積$\vec{a}\times\vec{b}$において、$\vec{a}$、$\vec{b}$がつくる面積Sと平面を考え、$\vec{a}$から$\vec{b}$への回転の向きがxyz座標軸のxからyへの回転の向きと同じであるとき符号付き面積$=S$、$\vec{a}$から$\vec{b}$への回転の向きが逆にxyz座標軸のyからxへの回転の向きと同じであるとき符号付き面積$=-S$とします。例えば左図と右図では面積は同じですが、左図は$\vec{a}$から$\vec{b}$への回転の向きがxからyなので面積は正のS、右図は$\vec{b}\times\vec{a}$、つまり$\vec{b}$から$\vec{a}$の回転の向きはyからxへの回転の向きと同じなので符号付き面積$=-S$です。

▶外積の大きさと向き

外積 $\vec{a} \times \vec{b}$ で作られるベクトル $\vec{c} = \vec{a} \times \vec{b}$ は $\vec{a}$、$\vec{b}$ と垂直方向です。一方、$\vec{a}$ から $\vec{b}$ への回転の向き（順番が大事！）が xyz 座標軸の x から y への回転の向きとすると、外積 $\vec{a} \times \vec{b}$ の正の向きは z 軸の正の向きです。これで準備がととのったので、外積 $\vec{a} \times \vec{b}$ の大きさと向きを説明しましょう。外積 $\vec{a} \times \vec{b}$ の大きさは図5.7の面積 S になります。そして図のように符号付き面積 > 0 の場合は z 軸正の向きのベクトル、符号付き面積 < 0 の場合は z 軸負の向きのベクトルとなります。先ほどの等速円運動の場合に当てはめると、角運動量の図5.6左図の場合は符号付き面積は rp、右図の場合の符号付き面積は $-rp$ となります。そのため、左図は z 軸正の向きで大きさ rp の角運動量、右図は（符号付き面積が負なので）z 軸負の向きで大きさ rp の角運動量になります。

❖3次元の角運動量と外積

この外積を使うと角運動量が数学的に扱いやすくなります。角運動量は等速円運動の場合 $l = rp$ でしたが、今導入した外積を使って一般に角運動量は

$$\vec{l} = \vec{r} \times \vec{p} \tag{5.42}$$

となります。

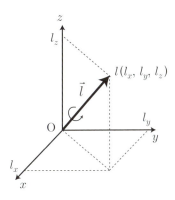

図5.8 3次元の各運動量の図

角運動量ベクトルを図示すると図のようになります。

❖角運動量と外積の計算

それでは一般に、$\vec{r}=(r_x, r_y, r_z)$、$\vec{p}=(p_x, p_y, p_z)$が与えられたとき、角運動量$\vec{l}=(l_x, l_y, l_z)$を求めるにはどうすればいいでしょう？　つまり、角運動量を計算するためには$\vec{l}=\vec{r}\times\vec{p}$の一般の場合の具体的な計算方法がわかると便利です。つまり、外積の具体的な計算方法がわかると便利です。ここで2つのベクトル$\vec{a}=(a_x, a_y, a_z)$, $\vec{b}=(b_x, b_y, b_z)$のベクトルの外積を、

$$\vec{c}=\vec{a}\times\vec{b}=(c_x, c_y, c_z) \tag{5.43}$$

としたとき、その成分は後述の参考にあるように、

$$\begin{cases} c_x = a_y b_z - a_z b_y & (5.44\text{a}) \\ c_y = a_z b_x - a_x b_z & (5.44\text{b}) \\ c_z = a_x b_y - a_y b_x & (5.44\text{c}) \end{cases}$$

となります。

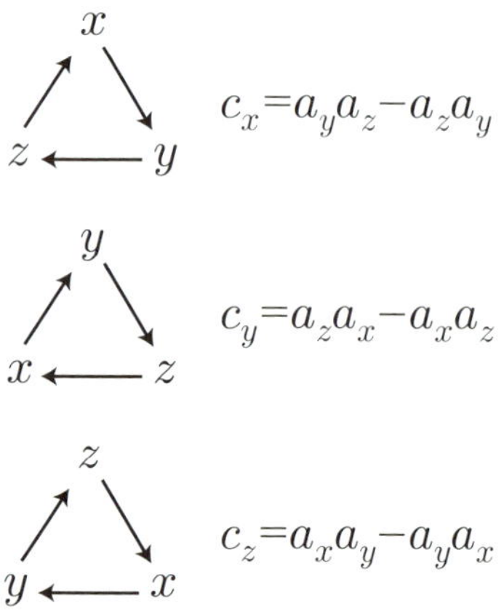
x
z
y
$c_x=a_ya_z-a_za_y$
y
x
z
$c_y=a_za_x-a_xa_z$
z
y
x
$c_z=a_xa_y-a_ya_x$

図5.9 外積の成分

一見すると複雑に見えるかもしれませんが、それぞれの x, y, z 成分は図のように $x \to y \to z \to x$ の向きのときは正符号で、逆に $x \to z \to y \to x$ のときは負符号がつく（例えば $c_x = a_y b_z - a_z b_y$）と考えると覚えやすいでしょう。

このように定義されたベクトルの外積 $\vec{a} \times \vec{b}$ を使うと角運動量、

$$\vec{l} = \vec{r} \times \vec{p} \tag{5.45}$$

をベクトルの成分、

$$\begin{cases} \vec{r} = (x, y, z) & (5.46a) \\ \vec{p} = (p_x, p_y, p_z) & (5.46b) \\ \vec{l} = (l_x, l_y, l_z) & (5.46c) \end{cases}$$

で書くと、式 (5.42)、式 (5.43) および式 (5.44) より

$$\begin{cases} l_x = y p_z - z p_y & (5.47a) \\ l_y = z p_x - x p_z & (5.47b) \\ l_z = x p_y - y p_x & (5.47c) \end{cases}$$

となります。この式は第10章で使います。

この式を図5.6のような z 軸まわりに回転している場合に適用してみましょう。

今、$\vec{r}_1 = (r, 0, 0)$、$\vec{p}_1 = (0, p, 0)$ としましょう。すると式 (5.47) より $\vec{l}_1 = \vec{r}_1 \times \vec{p}_1 = (0, 0, rp)$ となり、z 正方向の角運動量になります。次に逆回転している場合を考えます。これは $\vec{p}_2 = -\vec{p}_1$ とすればいいでしょう。$\vec{r}_2 = (r, 0, 0)$、$\vec{p}_2 = (0, -p, 0)$ と $\vec{p}_2 = -\vec{p}_1$ としてみると、式 (5.47) より $\vec{l}_2 = \vec{r}_2 \times \vec{p}_2 = (0, 0, -rp)$ となり z 負方向の角運動量になります。

参考 ベクトルの外積と外積の成分

ここではベクトルの外積の成分が式 (5.43)、式 (5.44) で与えられることを示します。

まず簡単のため、x, y, z 軸の**単位ベクトル** $\vec{e_x}, \vec{e_y}, \vec{e_z}$ の外積を考えましょう。

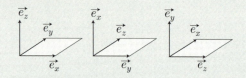

図5.10 単位ベクトルの外積

外積 $\vec{e_x} \times \vec{e_y}$ の大きさは図のように $\vec{e_x}$ と $\vec{e_y}$ で作られる四角形の面積であり、向きは $\vec{e_z}$ とします。つまり

$$\vec{e_x} \times \vec{e_y} = \vec{e_z} \qquad (5.48)$$

です。この式を $x \to y \to z \to x$ と置き換えてみると図のように、

$$\begin{cases} \vec{e_y} \times \vec{e_z} = \vec{e_x} & (5.49a) \\ \vec{e_z} \times \vec{e_x} = \vec{e_y} & (5.49b) \end{cases}$$

となります。このように外積 $\vec{a} \times \vec{b}$ の大きさは $\vec{a}$ と $\vec{b}$ で作られる四角形の面積とします。すると、同じベクトルどうし、例えば $\vec{e_x} \times \vec{e_x}$ は2つのベクトルが作る面積はゼロなので $\vec{e_x} \times \vec{e_x} = \vec{0}$ になります。同じように $\vec{e_y} \times \vec{e_y} = \vec{e_z} \times \vec{e_z} = \vec{0}$ です。つまり、

$$\begin{cases} \vec{e_x} \times \vec{e_x} = \vec{0} & (5.50a) \\ \vec{e_y} \times \vec{e_y} = \vec{0} & (5.50b) \\ \vec{e_z} \times \vec{e_z} = \vec{0} & (5.50c) \end{cases}$$

です。

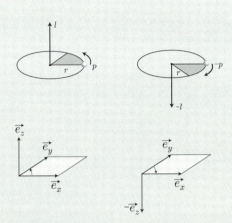

図5.11 外積の向きと符号付き面積

　それでは向きはどのように表すのでしょう？　今、式 (5.48)(5.49) の計算の順番を入れ替えると、図のように四角形の面積に負の符号がつくとします。つまり、

$$\begin{cases} \vec{e_y} \times \vec{e_x} = -\vec{e_z} & \text{(5.51a)} \\ \vec{e_z} \times \vec{e_y} = -\vec{e_x} & \text{(5.51b)} \\ \vec{e_x} \times \vec{e_z} = -\vec{e_y} & \text{(5.51c)} \end{cases}$$

です。これは符号付き面積ともいわれます。こうすると、向きを表すことができ、図5.11上図の角運動量と似ていることがわかります。
　以上で単位ベクトルどうしの外積の計算ができました。一般のベクトル $\vec{a}, \vec{b}$ の外積は、

$$\vec{a} \times \vec{b} = (a_x \vec{e_x} + a_y \vec{e_y} + a_z \vec{e_z}) \times (b_x \vec{e_x} + b_y \vec{e_y} + b_z \vec{e_z}) \quad (5.52)$$

と単位ベクトルの外積で表せるので、単位ベクトルどうしの外積の計算結果の式 (5.48) 〜 (5.51) を使って計算できます。計算結果は次の問題で計算できるように

$$\vec{a} \times \vec{b} = (a_y b_z - a_z b_y)\vec{e_x} + (a_z b_x - a_x b_z)\vec{e_y} + (a_x b_y - a_y b_x)\vec{e_z}$$
$$= (a_y b_z - a_z b_y, a_z b_x - a_x b_z, a_x b_y - a_y b_x) \tag{5.53}$$

となります。よって式 (5.43) (5.44) が示されました。

確認問題 外積の成分で書いた式(5.53)
$\vec{a} \times \vec{b} = (a_y b_z - a_z b_y, a_z b_x - a_x b_z, a_x b_y - a_y b_x)$ を示せ。

答え $\vec{a} = a_x \vec{e_x} + a_y \vec{e_y} + a_z \vec{e_z}$、$\vec{b} = b_x \vec{e_x} + b_y \vec{e_y} + b_z \vec{e_z}$ と書く。
すると、式(5.48) 〜式(5.51) を使って

$$\begin{aligned}
\vec{a} \times \vec{b} &= (a_x \vec{e_x} + a_y \vec{e_y} + a_z \vec{e_z}) \times (b_x \vec{e_x} + b_y \vec{e_y} + b_z \vec{e_z}) \\
&= a_x b_x \vec{e_x} \times \vec{e_x} + a_x b_y \vec{e_x} \times \vec{e_y} + a_x b_z \vec{e_x} \times \vec{e_z} \\
&\quad + a_y b_x \vec{e_y} \times \vec{e_x} + a_y b_y \vec{e_y} \times \vec{e_y} + a_y b_z \vec{e_y} \times \vec{e_z} \\
&\quad + a_z b_x \vec{e_z} \times \vec{e_x} + a_z b_y \vec{e_z} \times \vec{e_y} + a_z b_z \vec{e_z} \times \vec{e_z} \\
&= a_x b_y \vec{e_z} - a_x b_z \vec{e_y} - a_y b_x \vec{e_z} + a_y b_z \vec{e_x} + a_z b_x \vec{e_y} - a_z b_y \vec{e_x} \\
&= (a_x b_y - a_y b_x)\vec{e_z} + (a_y b_z - a_z b_y)\vec{e_x} + (a_z b_x - a_x b_z)\vec{e_y}
\end{aligned}$$

となり、式 (5.53) が示された。

5.5 束縛状態と非束縛状態

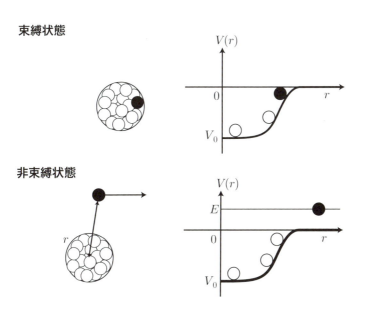

図5.12 束縛状態（上、黒い粒子）と非束縛状態（下、黒い粒子）

　第6章以降、束縛状態という言葉が出てきます。図5.12は束縛状態を紹介した図です。有限の深さのポテンシャルエネルギーの場合、物質粒子のエネルギーが小さい場合はポテンシャルの中に閉じ込められていますが、ある程度物質粒子のエネルギーが大きくなると、物質粒子のエネルギーがポテンシャルエネルギーよりも大きくなってポテンシャルの外に飛び出してしまいます。ポテンシャルの中に閉じ込められている状態を**束縛状態**、ポテンシャルに閉じ込められていない状態を**非束縛状態**といいます。

章末確認問題

1. 位置エネルギーが時間によらず$V(x)$と書けるとき、シュレーディンガー方程式はどのように表されるか。また、このときの波動関数はどのように表されるか。
2. 原子核(陽子数Z)の周りで電子が感じるクーロンポテンシャルを書け。
3. 原子核で中性子が感じるポテンシャルを描け。
4. 角運動量を成分で書け。
5. 遠心ポテンシャルの式を書け。

1次元シュレーディンガー方程式

　本章では具体的にシュレーディンガー方程式を解いて、シュレーディンガー方程式に慣れていきましょう。
　高校で学ぶ運動方程式のうち、手計算で簡単に解ける運動方程式は放物運動やばねの運動などいくつかの場合に限られています。これと同じように手計算で簡単に解けるシュレーディンガー方程式もいくつかに限られています。
　本章では手計算で簡単に解けるシュレーディンガー方程式の例を紹介し、その例を通じて量子論の基本的な性質を理解していきましょう。

6.1 井戸型ポテンシャルに閉じ込められた電子で学ぶシュレーディンガー方程式

❖閉じ込められた電子のモデル

シュレーディンガー方程式に慣れるために以下の仮想的なモデルを考えてみましょう。

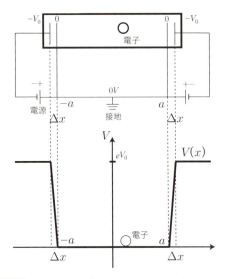

図6.1 両端を$-V_0$のポテンシャルによって閉じ込められた電子

今、図6.1上図のような仮想的な実験を考えます。図では左右が$-V_0$[V]になっており、そこからΔx内側に行くと電位は0[V]になっています。つまり、電子は両端が電位差$-V_0$のポテンシャルによって閉じ込められています。

これをグラフに表すと、電子は図6.1下図のように、高さ$(-e)(-V_0)=eV_0$のポテンシャルの中に閉じ込められていることになります。図ではわかりやすくするため電子を古典的な粒子のように描いていますが、これは正しく

はありません。このポテンシャルにおける電子の姿は、本章で次第にあきらかになります。この図6.1下図のポテンシャルの形は5章で学んだように、しばしば井戸型ポテンシャル、もしくは箱形ポテンシャルなどといわれます。ここではこのポテンシャルの井戸を$V(x)$と書くことにします。

❖無限に深い井戸型ポテンシャルのモデル

図6.1の状況をシュレーディンガー方程式で表してみましょう。まず、ポテンシャル$V(x)$は時間に依存しないので、時間に依存しないシュレーディンガー方程式を使います。シュレーディンガー方程式は

$$-\frac{\hbar^2}{2m}\frac{d^2\varphi(x)}{dx^2} + V(x)\varphi(x) = E\varphi(x) \tag{6.1}$$

となります。ここから波動関数$\varphi(x)$とエネルギーEを求めれば良いわけです。

ただし、このシュレーディンガー方程式をきちんと解くことは難しいので、このモデルをもう少し簡単なモデルにしてみましょう。まず、計算しやすくするためポテンシャルの井戸$V(x)$は$0 < x < a$の範囲にあるとします。さらに、図6.1のΔxを$\Delta x \to 0$として、計算を単純にします。波動関数$\varphi(x)$は井戸の中と壁の中では大きく異なると考えられます。そこで、最初は簡単のために壁の中を考えないモデルを考えてみましょう。

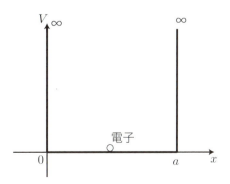

図6.2 無限に深い井戸型ポテンシャルに閉じ込められた電子

そのためには、図6.2のように$V \to \infty$としてポテンシャルの壁を無限大にすると、電子は完全にポテンシャルの井戸の中に閉じ込められると考えられます。するとポテンシャルの井戸$V(x)$は図6.2のように、

$$V(x) = \begin{cases} 0 & (0 < x < a) \\ \infty & (x < 0 \text{ または } x > a) \end{cases} \tag{6.2}$$

となります。$V(x)$が本来のように有限の深さである場合については、次の第7章で調べましょう。

❖シュレーディンガー方程式と波動関数の形

電子は完全に$0 < x < a$の井戸の中に閉じ込められているので、$0 < x < a$の領域でのみシュレーディンガー方程式を考えればよいことになります。$0 < x < a$の領域では$V(x) = 0$なので、シュレーディンガー方程式は$V(x) = 0$とおいて、

$$-\frac{\hbar^2}{2m}\frac{d^2\varphi(x)}{dx^2} = E\varphi(x) \tag{6.3}$$

となります。これを変形すると、

$$\frac{d^2\varphi(x)}{dx^2} = -\frac{2mE}{\hbar^2}\varphi(x) \tag{6.4}$$

となります。この式はφを2階微分すると同じ関数φのマイナス定数倍になっています。この微分方程式の解法は4.2節で学びました。4.2節で紹介した方法を使ってシュレーディンガー方程式(6.4)を満たす波動関数は、三角関数を使って

$$\varphi(x) = A \sin kx + B \cos kx \tag{6.5}$$

と書くことができます。この波動関数をシュレーディンガー方程式(6.4)に代入すると、

$$\frac{d^2\varphi(x)}{dx^2} = \frac{d^2(A\sin kx + B\cos kx)}{dx^2} = -k^2(A\sin kx + B\cos kx)$$
$$= -k^2\varphi(x) = -\frac{2mE}{\hbar^2}\varphi(x) \tag{6.6}$$

となります。ここからまずkの値が、

$$k = \frac{\sqrt{2mE}}{\hbar} \tag{6.7}$$

となります。k, A, Bが具体的に求まると波動関数の式（6.5）が求まり、また式（6.7）を2乗して整理すると、エネルギーEが、

$$E = \frac{\hbar^2 k^2}{2m} \tag{6.8}$$

と求まります。

❖境界条件で波動関数とエネルギーを決定

それではどうすれば式（6.5）のk, A, Bの値が求まるのでしょうか？シュレーディンガー方程式だけではk, A, Bの値は求まりません。これらの値のいくつかは、以下の**境界条件**と呼ばれる条件によって求まります。

$x < 0, x > a$ では粒子を見出す確率が0です。そのため、図6.2のポテンシャルの境界$x = 0, x = a$でも粒子を見出す確率は0になります。波動関数の絶対値の2乗$|\varphi(x)^2|$は粒子を見出す確率を表すので、$x = 0, x = a$では波動関数の絶対値の2乗$|\varphi^2|$は0、つまり波動関数φは0になります。よって

$$\text{境界条件}\quad \varphi(0) = \varphi(a) = 0 \tag{6.9}$$

となります。これを境界条件といいます。この境界条件は身近に見ることができます。実際、この境界条件の式（6.9）は第4章の両端を固定された定在波の境界条件の式（4.41）と同じになっています。

この境界条件のもとに波動関数$\varphi(x)$を求めてみましょう。まず$\varphi(0) = 0$の境界条件を式（6.5）に代入してみると、

$$\varphi(0) = A\sin 0 + B\cos 0 = B = 0 \tag{6.10}$$

となります。よって波動関数の式 (6.5) は、

$$\varphi(x) = A\sin kx \tag{6.11}$$

となります。次に $\varphi(a) = 0$ の境界条件から、

$$\varphi(a) = A\sin ka = 0 \tag{6.12}$$

になります。これは sin の中が π の自然数倍であれば成り立つので、n を自然数として、

$$ka = n\pi \tag{6.13}$$

となります*1。よって境界条件から $k = \frac{n\pi}{a}$ と求まりました。ここから波動関数の式 (6.11) は、

$$\varphi_n(x) = A\sin\frac{n\pi}{a}x \ (n \text{ は自然数}) \tag{6.14}$$

となります。ここで波動関数 φ が n によって変わることから、$\varphi(x)$ を $\varphi_n(x)$ と書きました。波動関数のエネルギーは次のようにして求めます。境界条件から求まった $k = \frac{n\pi}{a}$ に式 (6.7) の $k = \frac{\sqrt{2mE}}{\hbar}$ を代入すると $\frac{\sqrt{2mE}}{\hbar} = \frac{n\pi}{a}$ となります。ここから両辺を 2 乗して整理すると、

$$E_n = \frac{\hbar^2\pi^2}{2ma^2}n^2 \tag{6.15}$$

となり、エネルギーが求まります*2。ここからエネルギーは n^2 に比例して大きくなることがわかります。

---

*1 $n = 0$ でも良いのではと思うかもしれない。しかし、$n = 0$ のときは $\varphi = A\sin 0 = 0$ となってしまい、全ての場所で粒子を見出す確率が $|\varphi(x)|^2 = 0$ となり、そもそもそのような状態はないことになるので考えなくてよい。

*2 E が n の関数になっているので、E_n と書いた。

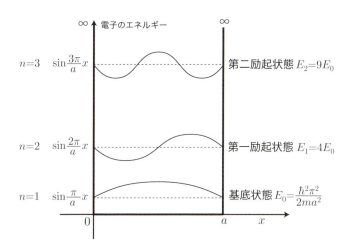

図6.3 無限に深い井戸型ポテンシャルの解の様子

　波動関数 (6.14) とエネルギー (6.15) のいくつかを図示したものが図6.3です。図には $n = 1, 2, 3$ の場合の様子を描きました。縦軸にはエネルギーが書かれています。

　$n = 1$ のときはエネルギーが一番小さい状態なので、この状態を**基底状態（ground state）**といいます。基底状態よりもエネルギーの大きな状態は**励起状態（excited state）**といいます。$n = 2$ のときはエネルギーは2番目に小さい状態なので、この状態を第一励起状態といいます。エネルギーは n^2 に比例するので、$2^2 = 4$ で基底状態のエネルギー E_0 の4倍になっています（図6.3参照）。$n = 3$ のときは第二励起状態といいます。$3^2 = 9$ で基底状態のエネルギー E_0 の9倍になっています。電子はこれら $n = 1, 2, 3, \cdots$ のいずれかの状態 $\varphi_n(x)$ にいると考えられるのです。

　この図6.3のさらに詳しい解釈は波動関数を全て求めてからにしましょう。波動関数を求めるには、さらに波動関数 $A\sin\frac{n\pi}{a}x$ の A を求めなくてはなりません。

❖波の規格化と確率解釈

A はこの節で説明する**規格化**により求まります。第3章で説明したように、波 $\varphi(x)$ に対して $|\varphi(x)|^2$ は x に粒子を見出す確率であると解釈するのでした。全ての確率を足すと1になりますから、波動関数 $\varphi(x)$ は、

$$\int_{-\infty}^{\infty} |\varphi(x)|^2 dx = 1 \tag{6.16}$$

を満たす必要があります。波動関数が式 (6.16) を満たすようにすることを**規格化**といいます*3。この規格化を使うと A が求まります。つまり、全ての確率を足すと1となる規格化条件から無限に深い井戸型ポテンシャルの波動関数は、

$$\int_{-\infty}^{\infty} |\varphi(x)|^2 dx = \int_0^a A^2 \sin^2 \frac{n\pi}{a} x\, dx = 1 \tag{6.17}$$

を満たします。これは三角関数の公式 $\sin^2 x = \frac{1}{2}(1-\cos 2x)$ を利用すると、

$$\int_0^a A^2 \sin^2 \frac{n\pi}{a} x\, dx = A^2 \int_0^a \frac{1}{2}(1 - \cos \frac{2n\pi x}{a}) dx$$
$$= A^2 \left[\frac{1}{2}(x - \frac{a}{2n\pi} \sin \frac{2n\pi x}{a})\right]_0^a$$
$$= \frac{A^2 a}{2} = 1 \tag{6.18}$$

なので、$A=\sqrt{\frac{2}{a}}$ になります。よって波動関数 $\varphi_n(x)$ は、

$$\varphi_n(x) = \sqrt{\frac{2}{a}} \sin \frac{n\pi}{a} x \tag{6.19}$$

と具体的に求まりました。

---

*3 一般にはベクトル $\vec{a}$ の大きさを1にすることである。

無限に深い井戸型ポテンシャルの解

無限に深い井戸型ポテンシャル

$$V(x) = \begin{cases} 0 & (0 < x < a) \\ \infty & (x < 0 \text{ または } x > a) \end{cases} \quad (6.20)$$

のシュレーディンガー方程式を解くと、波動関数とエネルギーは、

波動関数　　$\varphi_n(x) = \sqrt{\dfrac{2}{a}} \sin \dfrac{n\pi}{a} x$ 　　(6.21a)

エネルギー　$E_n = \dfrac{\hbar^2 \pi^2}{2ma^2} n^2$ 　　(6.21b)

となる。

以上、無限に深い井戸型ポテンシャルの問題を解くことにより、波動関数を求める手順は

波動関数を求める手順

1. ポテンシャル$V(x)$からシュレーディンガー方程式を立てる
2. 境界条件を使ってシュレーディンガー方程式を解いていく
3. さらに規格化条件を使って波動関数を決定する

であることがわかりました。

❖解の様子の解釈とゼロ点振動

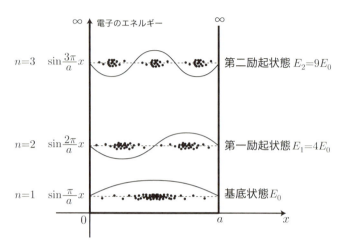

図6.4 無限に井戸型ポテンシャルの解の解釈

　波動関数とエネルギーが求まったところで、図6.3の無限に深い井戸型ポテンシャルから求まる波動関数の様子をより詳しく調べてみましょう。

　まず、図6.4のエネルギーが一番小さい基底状態を考えます。この状態の波動関数は1つの腹（山、谷の場所）を持ちます。電子が基底状態にあるとき、$x=\frac{a}{2}$ あたりに電子を見出す確率 $|\varphi|^2$ が大きくなっています。

　電子が2番目にエネルギーの小さい第一励起状態にあるときは波動関数は2つの腹（山、谷の場所）を持ちます。電子が3番目にエネルギーの小さい第二励起状態にあるときは3個の腹（山、谷の場所）を持ちます。

　また、求まった電子の状態はとびとびの状態で、連続的ではないことがわかります。さらに、一番小さなエネルギー状態である基底状態は式(6.21b) で $n=1$ とおいて $E_1=\frac{\hbar^2\pi^2}{2ma^2}$ となり、ゼロではないこともわかります。これは古典力学と全く異なる結果です。古典力学では粒子は箱の中で静止することができます。しかしながら、シュレーディンガー方程式を解くと、一番小さなエネルギー状態もエネルギーを持ち、静止していないことがわかります。これを**ゼロ点振動**などといいます。

❖解の様子の解釈II　箱の大きさとエネルギーの離散化

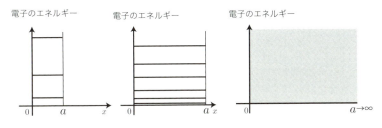

図6.5 箱の大きさとエネルギーの離散化

　次に、状態のエネルギーをさらに詳しく調べてみましょう。エネルギーは、

$$E = \frac{\hbar^2 \pi^2}{2ma^2} n^2 \tag{6.22}$$

ですが、この式から図6.5のようにaが小さいほど、つまり電子が狭い範囲に閉じ込められるほどエネルギーの間隔は大きくなります。一方でaが大きいほど、つまり電子が広い範囲に閉じ込められるときはエネルギーの間隔は小さくなり、$a \to \infty$としていくにつれて図6.5右図のような連続的なエネルギーに近づいていきます。

　古典的な粒子はさまざまなエネルギー、連続的なエネルギーをとれます。とびとびのエネルギー状態は、量子論に特有のものです。そのため、エネルギーがとびとびか連続かに関していえば、箱のサイズが大きいときは古典粒子と同じようにエネルギーは連続的になり、箱のサイズが小さくなるにつれてエネルギーは量子論特有のとびとびの値になるのです。

6.2 演算子と期待値

❖物理量と期待値

波動関数とエネルギーが求まったので、今度は位置や運動エネルギーなどの**物理量**を計算する方法を紹介します。今、電子の位置 x を測定することを考えましょう。古典物理学では粒子の位置は、粒子の座標を読み取ればわかります。しかし、量子論の場合、1つ1つの電子は第3章の図3.6のようにさまざまな場所に見つかるので、1回の位置の測定は意味がありません。そこで何回も位置を測定して、その平均値をとればいいことになります。

これは確率の世界では**期待値**と呼ばれます。期待値の身近な例として、確率 $\frac{1}{2}$ で100円受け取り、確率 $\frac{1}{2}$ ではずれる（0円受け取る）くじを考えましょう。すると、このくじで受け取る期待値は「受け取る金額×確率」を合計して、

$$\frac{1}{2} \times 100 + \frac{1}{2} \times 0 = 50 \tag{6.23}$$

となり、50円が期待値となります。これと同じようにして位置の期待値（平均値）も計算できます。つまり、「位置×確率」を合計してやれば位置の期待値（平均値）が求まります。これは、

$$\sum x \times |\varphi(x)|^2 \to \int x|\varphi(x)|^2 dx \tag{6.24}$$

を計算することにより求まります。このように、量子論では位置や運動エネルギーなどの**物理量の期待値を計算すれば良い**のです。ここで、位置や運動エネルギーなどの物理量を A と書くと、これらの期待値は、

$$\int A|\varphi|^2 dx \tag{6.25}$$

を計算することによって求まると考えられます[*4]。

[*4] 実はこれは期待値を求める正確な式ではない。正確な式は後ほど紹介する。

❖位置の期待値

それでは式 (6.21) で実際に求まった波動関数 $\varphi_n(x) = \sqrt{\frac{2}{a}}\sin\frac{n\pi}{a}x$ から具体的に電子の位置の期待値を求めてみましょう。期待値を< >の記号で表すことにしましょう。例えば、位置 x の期待値を $<x>$ と書くことにします。すると、

$$<x> = \int_{-\infty}^{\infty} x|\varphi(x)|^2 dx \qquad (6.26)$$

$$= \frac{2}{a}\int_0^a x\sin^2\frac{n\pi}{a}x dx$$

$$= \frac{2}{a}\int_0^a \frac{x}{2}\left(1-\cos\frac{2n\pi}{a}x\right)dx$$

$$= \frac{1}{a}\int_0^a x dx - \frac{1}{a}\int_0^a x\cos\frac{2n\pi}{a}x dx$$

$$= \frac{a}{2} - \frac{1}{a}\int_0^a x\cos\frac{2n\pi}{a}x dx$$

ここで残った積分は高等学校で出てくる部分積分の公式 $\int_a^b fg'dx = [fg]_a^b - \int_a^b f'g dx$ を使うと、

$$\int_0^a x\cos\frac{2n\pi}{a}x dx = \left[x\frac{a}{2n\pi}\sin\frac{2n\pi}{a}x\right]_0^a - \int_0^a \frac{a}{2n\pi}\sin\frac{2n\pi}{a}x dx \qquad (6.27)$$

$$= (\frac{a}{2n\pi})^2\left[\cos\frac{2n\pi}{a}x\right]_0^a$$

$$= (\frac{a}{2n\pi})^2[1-1] = 0$$

なので0になります。よって最終的に $<x> = \frac{a}{2}$ になります。つまり、平均すると無限に深い井戸型ポテンシャルの真ん中に電子があることになります。さて、ここで $<x> = \frac{a}{2}$ に n は入ってきていません。これは、電子は n つまり基底状態か励起状態かに関係なく、全ての状態について $<x> = \frac{a}{2}$ になることを意味しています。

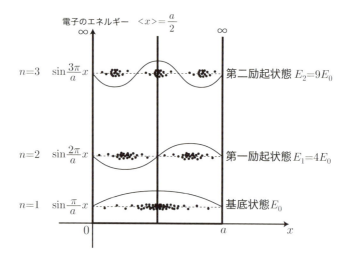

図6.6 基底状態といくつかの励起状態の様子。電子の位置の期待値は$<x>=\frac{a}{2}$となっている

これは図6.6を見るとわかりやすいです。図6.6を見ると、基底状態でも励起状態でも平均して$x=\frac{a}{2}$の所に粒子があることがわかります。

❖量子論における運動エネルギーとは？

今度は無限に深い井戸型ポテンシャルにおける運動エネルギーの期待値を求めてみましょう。まず、運動エネルギーは古典物理学では運動量をpとして$\frac{1}{2}mv^2=\frac{p^2}{2m}$で表されます。

しかし、ここで1つ問題が生じます。これまでの話の流れから考えると、運動エネルギーの期待値は$<\frac{p^2}{2m}>=\int \frac{p^2}{2m}|\varphi|^2 dx$で求まると考えるかもしれません。しかし、量子論において、そもそも運動エネルギー$\frac{p^2}{2m}$とは何でしょう？ これがわからないと計算できません。

無限に深い井戸型ポテンシャルの問題では、井戸の中では$V=0$でした。そのため、運動エネルギーKは全エネルギーEと$E=K+V=K$のように等しくなります。つまり、

$$\frac{p^2}{2m} = E \tag{6.28}$$

が成り立っています。これをヒントに量子論における運動エネルギーを調べてみましょう。

式 (6.28) の両辺に波動関数 $\varphi(x)$ をかけた式、

$$\frac{p^2}{2m}\varphi(x) = E\varphi(x) \tag{6.29}$$

を考えてみます。そしてこの式を $0 < x < a$ で $V = 0$ とおいた無限に深い井戸型ポテンシャルのシュレーディンガー方程式、

$$-\frac{\hbar^2}{2m}\frac{d^2\varphi(x)}{dx^2} = E\varphi(x) \tag{6.30}$$

と比較してみましょう。式 (6.29) と式 (6.30) の左辺を比較すると、

$$-\frac{\hbar^2}{2m}\frac{d^2}{dx^2} = \frac{p^2}{2m} \tag{6.31}$$

ですから $-\frac{\hbar^2}{2m}\frac{d^2}{dx^2}$ が運動エネルギーに相当することがわかります。つまり、

$$\text{量子論における運動エネルギー} \quad -\frac{\hbar^2}{2m}\frac{d^2}{dx^2} \tag{6.32}$$

となることがわかりました。微分が入っていて気持ち悪く感じる人がいるかもしれませんが、このあとすぐに実際に計算するので、そこで慣れていきましょう。

❖運動エネルギーの期待値

これでとりあえず運動エネルギーの平均値が計算できそうです。しかしまだ、注意すべきことがあります。運動エネルギーの期待値は、単純に「物理量×確率を合計」したもの、つまり $\int -\frac{\hbar^2}{2m}\frac{d^2}{dx^2}|\varphi(x)|^2 dx$ としていいのでしょうか？ 実は、そうはならないことをこれから示します。

シュレーディンガー方程式から運動エネルギーの期待値を求めてみましょう。第3章3.3節で学んだように、$|\varphi|^2 = \varphi^*\varphi$ が確率なので、シュレー

ディンガー方程式に φ^* をかけると、

$$-\frac{\hbar^2}{2m}\frac{d^2\varphi(x)}{dx^2}\varphi^* = E\varphi(x)\varphi^* \tag{6.33}$$

となります。この両辺を積分すると、

$$\int -\frac{\hbar^2}{2m}\frac{d^2\varphi(x)}{dx^2}\varphi^* dx = \int E\varphi(x)\varphi^* dx \tag{6.34}$$

となります。ここで、右辺は $\int E\varphi\varphi^* dx = E\int \varphi\varphi^* dx = E\int |\varphi|^2 dx = E$ ですから、エネルギーの期待値 E となります。$V=0$ では運動エネルギーと全エネルギーは等しいのですから、右辺が全エネルギーの期待値であれば、左辺は運動エネルギーの期待値であると考えられます。

つまり、

$$運動エネルギーの期待値 = \int -\frac{\hbar^2}{2m}\frac{d^2\varphi(x)}{dx^2}\varphi^* dx \tag{6.35}$$

となると考えられます。この式は単純に「物理量×確率を合計」したもの、つまり、

$$\int -\frac{\hbar^2}{2m}\frac{d^2}{dx^2}|\varphi(x)|^2 dx \tag{6.36}$$

とは違います。この例から運動エネルギーの期待値は単純には「運動エネルギー×確率」の合計、つまり $\int -\frac{\hbar^2}{2m}\frac{d^2}{dx^2}|\varphi(x)|^2 dx$ とはならないと考えられるのです。

さて、先ほどの運動エネルギーの期待値の式、

$$\int -\frac{\hbar^2}{2m}\frac{d^2\varphi(x)}{dx^2}\varphi^* dx \tag{6.37}$$

では、そのままでは φ^* が混同しやすいのでしばしば、

$$\int \varphi^*(x)(-\frac{\hbar^2}{2m}\frac{d^2\varphi(x)}{dx^2})dx \tag{6.38}$$

と φ^* を左側に書きます。このように書くとこの式はさらに、

$$\int \varphi^*(x)\left(-\frac{\hbar^2}{2m}\frac{d^2}{dx^2}\right)\varphi(x)dx \tag{6.39}$$

と書くことができます。以上をまとめると、次のようになります。

運動エネルギーの期待値

$$\int \varphi^*(x)\left(-\frac{\hbar^2}{2m}\frac{d^2}{dx^2}\right)\varphi(x)dx \tag{6.40}$$

確認問題1 実際に計算して、本当に運動エネルギーの期待値が全エネルギーの期待値に等しくなるかどうか確認してみましょう。

答え1
$$\begin{aligned}
\int \varphi^*(x)(-\frac{\hbar^2}{2m}\frac{d^2}{dx^2})\varphi(x)dx &= \int_0^a \sqrt{\frac{2}{a}}\sin\frac{n\pi}{a}x(-\frac{\hbar^2}{2m}\frac{d^2}{dx^2})\sqrt{\frac{2}{a}}\sin\frac{n\pi}{a}xdx \\
&= \frac{2}{a}\frac{\hbar^2}{2m}(\frac{n\pi}{a})^2\int_0^a \sin^2\frac{n\pi}{a}xdx \\
&= \frac{(n\pi\hbar)^2}{ma^3}\int_0^a \frac{1-\cos\frac{2n\pi}{a}x}{2}dx \\
&= \frac{(n\pi\hbar)^2}{2ma^3}\left[x-\frac{a}{2n\pi}\sin\frac{2n\pi}{a}x\right]_0^a \\
&= \frac{(n\pi\hbar)^2}{2ma^2}
\end{aligned}$$

となり、確かに運動エネルギーの期待値は式 (6.15) の全エネルギーの式 $\frac{\hbar^2\pi^2}{2ma^2}n^2$ と一致することがわかる。

確認問題2 $\int -\frac{\hbar^2}{2m}\frac{d^2}{dx^2}|\varphi(x)|^2 dx$ を実際に計算して、これがエネルギーの期待値 $E=\frac{\hbar^2\pi^2}{2ma^2}n^2$ と等しくならないことを確認しましょう。

> **答え2**

$$\int(-\frac{\hbar^2}{2m}\frac{d^2}{dx^2})|\varphi|^2 dx = \int_0^a (-\frac{\hbar^2}{2m}\frac{d^2}{dx^2})\frac{2}{a}\sin^2\frac{n\pi}{a}x\,dx$$

$$= -\frac{\hbar^2}{ma}\int_0^a \frac{d^2}{dx^2}\frac{1-\cos\frac{2n\pi}{a}x}{2}dx$$

$$= -\frac{\hbar^2}{ma}\int_0^a (\frac{2\pi n}{a})^2 \frac{1}{2}\cos\frac{2n\pi}{a}x\,dx$$

$$= -\frac{\hbar^2}{ma}\left[(\frac{\pi n}{a})\sin\frac{2n\pi}{a}x\right]_0^a$$

$$= 0$$

となり、確かに全エネルギーの期待値 $E = \frac{\hbar^2\pi^2}{2ma^2}n^2$ とは一致しない。

❖演算子と期待値

運動エネルギーの期待値の計算では、「運動エネルギー × $|\varphi(x)|^2$ の合計（積分）」ではなく、「$\varphi^*(x)$ × 運動エネルギー × $\varphi(x)$ の合計（積分）」で求まることを紹介しました。この方法は、エネルギーや位置の期待値の計算にもそのまま使えます。

例えば位置の期待値は $\int x|\varphi(x)|^2 dx$ を計算する代わりに $\int \varphi(x)^* x \varphi(x) dx$ を計算しても、$\int \varphi(x)^* x \varphi(x) dx = \int x|\varphi(x)|^2 dx$ となり同じ結果になります。つまり、位置や運動エネルギーなどの物理量を A と書くことにすると、物理量 A の期待値を求める方法は「$\varphi^*(x) \times A \times \varphi(x)$ の合計（積分）」をする、すなわち、

$$\int \varphi^*(x) A \varphi(x) dx \tag{6.41}$$

で求めることができます。また、ここで A を**物理量の演算子（operator）**といいます。例えば x は位置の演算子、$-\frac{\hbar^2}{2m}\frac{\partial^2}{\partial x^2}$ は運動エネルギー演算子といいます。また、物理量 A に対して演算子であることを明示する場合は、物理量 A の演算子を $\hat{A}$ などと書きます。ただし省略して単に A などと書くこともしばしばあります。本書では必要な場合のみ $\hat{A}$ と書きます。

> **演算子と期待値**
>
> x は位置の演算子、$-\frac{\hbar^2}{2m}\frac{\partial^2}{\partial x^2}$ は運動エネルギー演算子という。位置演算子や運動量演算子を A と書き、A を物理量の演算子と呼ぶことにすると、A の期待値 $<A>$ は、
>
> $$<A> = \int \varphi^*(x) A \varphi(x) dx \tag{6.42}$$
>
> で求まる。

❖運動量演算子

運動エネルギーの演算子と期待値が求まったので、今度は運動量の演算子と期待値を計算してみましょう。ただし、運動量の期待値の計算は後述するいくつかの関連事項を学んだあとに学びます。それではまず運動量演算子を調べます。運動エネルギー演算子が、

$$-\frac{\hbar^2}{2m}\frac{d^2}{dx^2} = \frac{1}{2m}(-\hbar^2\frac{d^2}{dx^2}) \tag{6.43}$$

であり、古典的な運動エネルギーが、

$$\frac{p^2}{2m} = \frac{1}{2m}p^2 \tag{6.44}$$

ですから、両者を比較すると、

$$p^2 = -\hbar^2 \frac{d^2}{dx^2} \tag{6.45}$$

であると考えられます。これは運動量演算子 p を、

$$p = -i\hbar \frac{d}{dx} \tag{6.46}$$

と置けば、$p^2 = -i\hbar\frac{d}{dx}(-i\hbar\frac{d}{dx}) = -\hbar^2\frac{d^2}{dx^2}$ となり、確かに式 (6.45) を満たします。

> **運動量演算子**
>
> 運動量の演算子は、
>
> $$-i\hbar \frac{d}{dx} \tag{6.47}$$
>
> である。

❖エネルギー演算子

運動量の期待値を求める前に、いろいろ演算子がでてきたのでエネルギー E の演算子を考えてみましょう。時間に依存するシュレーディンガー方程式は、

$$i\hbar \frac{\partial \psi(x,t)}{\partial t} = \left(-\frac{\hbar^2}{2m}\frac{\partial^2}{\partial x^2} + V(x)\right)\psi(x,t) \tag{6.48}$$

ですが、一方で全エネルギー＝運動エネルギー＋位置エネルギー、つまり、

$$E = \frac{p^2}{2m} + V(x) \tag{6.49}$$

が成立するので両辺に ψ をかけると、

$$E\psi(x,t) = \left(\frac{p^2}{2m} + V(x)\right)\psi(x,t) \tag{6.50}$$

となります。式 (6.48)(6.50) を比較すると、

$$E = i\hbar \frac{\partial}{\partial t}$$

$$\frac{p^2}{2m} + V(x) = -\frac{\hbar^2}{2m}\frac{\partial^2}{\partial x^2} + V(x) \tag{6.51}$$

が成り立ちます。ここから、エネルギー演算子が$E = i\hbar\frac{\partial}{\partial t}$であると考えられます。また$\frac{p^2}{2m} + V(x)$を演算子にした$-\frac{\hbar^2}{2m}\frac{\partial^2}{\partial x^2} + V(x)$を**ハミルトニアン**（$H$と書くことが多い）といいます。

以上をまとめておきましょう。

代表的な演算子

物理量A	対応する演算子$\hat{A}$
位置 x	x
運動エネルギー $\frac{p^2}{2m}$	$-\frac{\hbar^2}{2m}\frac{\partial^2}{\partial x^2}$
運動量 p	$-i\hbar\frac{\partial}{\partial x}$
エネルギー E	$i\hbar\frac{\partial}{\partial t}$
エネルギー $\frac{p^2}{2m} + V(x)$	ハミルトニアン $H = -\frac{\hbar^2}{2m}\frac{\partial^2}{\partial x^2} + V(x)$

これらの演算子を使って物理量Aの期待値$<A>$は$<A> = \int \psi^* A \psi dx$と計算されます。また、ハミルトニアン$H$を使うとシュレーディンガー方程式$\left(-\frac{\hbar^2}{2m}\frac{d^2}{dx^2} + V(x)\right)\varphi(x) = E\varphi(x)$は、

$$H\varphi(x) = E\varphi(x) \tag{6.52}$$

と簡潔に書くことができます。

6.3 演算子の固有関数

❖演算子、波動関数と行列、ベクトル

先ほど本書では運動エネルギーなどの演算子を定義しました。演算子には微分などが含まれていて、直感的にわかりにくいと感じた人もいるかも知れません。そこで、演算子が含まれた計算が量子論以外にどんなものが

あるか、ちょっと復習してみましょう。私達は学校の数学の授業で行列とベクトルを学びます。2次元の複素数のベクトル $\vec{a} = (a_1, a_2)$ どうしの内積は $\vec{a}^*$ を $\vec{a}$ の複素共役とすると、

$$\vec{a}^* \cdot \vec{a} = a_1^* a_1 + a_2^* a_2 = \sum_{k=1}^{2} a_k^* a_k \tag{6.53}$$

の形で表されます。これは式 (6.16) のように波動関数の規格化で使われる式、

$$\sum_x \varphi^*(x)\varphi(x) \to \int \varphi^*(x)\varphi(x)dx \ \left(=\int |\varphi(x)|^2 dx\right) \tag{6.54}$$

と大変よく似ています。つまり、波動関数をベクトルのようなものと考えるとわかりやすいのです。また、運動量、位置などのある物理量 A と波動関数 $\varphi(x)$ の積、

$$A\varphi(x) \tag{6.55}$$

は行列 A とベクトル $\vec{a}$ の積、

$$A\vec{a} \tag{6.56}$$

と対応させると大変よく似ていることがわかります。つまり、演算子は行列と良く似ているのです。以上をまとめて「**波動関数→ベクトル、演算子→行列**」と見なすと、演算子や波動関数にもさらに慣れることができるのです。

❖固有値と固有関数（固有状態）

運動量の期待値を議論する準備として、**固有値・固有ベクトル**という概念を紹介します。数学の授業において、行列の固有値、固有ベクトルという言葉がしばしば出てきます。ここで行列 A、ベクトル $\vec{x}$ として、

$$A\vec{x} = k\vec{x} \tag{6.57}$$

を満たすとき、$\vec{x}$ を A の固有ベクトル、k を固有値というのでした。これをハミルトニアン $H = -\frac{\hbar^2}{2m}\frac{d^2}{dx^2} + V(x)$ を使ったシュレーディンガー方程式と比較すると、シュレーディンガー方程式 $\left(-\frac{\hbar^2}{2m}\frac{d^2}{dx^2} + V(x)\right)\varphi(x) = E\varphi(x)$ は、

$$H\varphi(x) = E\varphi(x) \tag{6.58}$$

ですから、式（6.57）と比較すると、EはHの固有値、$\varphi(x)$はHの固有ベクトルとなっていることがわかります。このように固有値・固有ベクトルの観点からシュレーディンガー方程式を見直すと、**シュレーディンガー方程式とはハミルトニアンHの固有ベクトル$\varphi(x)$、固有値Eを求める式である**といえるのです。ただし量子論の場合はしばしば固有ベクトルという代わりに固有関数、もしくは固有状態などといいます。

この見方は量子論でしばしば使われます。実際、量子力学の場合は任意の物理量Aに対して、

$$A\varphi(x) = a\varphi(x) \tag{6.59}$$

を満たすとき、aを**固有値**、$\varphi(x)$を**固有関数（固有状態）**といいます。

固有値と固有関数

Aを物理量とするとき、

$$A\varphi(x) = a\varphi(x) \tag{6.60}$$

ならば、aをAの固有値、$\varphi(x)$を固有関数（固有状態）という。

❖運動量の固有関数

今度は運動量演算子の固有関数を求めてみましょう。運動量演算子は$-i\hbar\frac{\partial}{\partial x}$で表されるので、運動量の固有関数$\varphi(x)$、固有値$p$は、

$$-i\hbar\frac{d}{dx}\varphi = p\varphi \tag{6.61}$$

なる微分方程式をみたします。1階微分すると元の関数φの虚数単位iの定数倍になる関数なので、4.2節で学んだようにe^{ikx}がこの方程式を満たします。具体的には$\varphi(x) = e^{i\frac{p}{\hbar}x}$とすると、

$$-i\hbar \frac{d\left[e^{i\frac{p}{\hbar}x}\right]}{dx} = -i\hbar(i\frac{p}{\hbar})e^{i\frac{p}{\hbar}x} = pe^{i\frac{p}{\hbar}x} \qquad (6.62)$$

なので、運動量の固有関数の微分方程式（6.61）を満たします。よって、**$\varphi(x) = e^{i\frac{px}{\hbar}}$ は運動量の固有関数であり、固有値は p である**ことがわかりました。これは次の図6.7左図のように、正方向に運動量 p で進む波です。

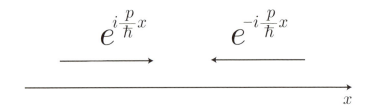

図6.7 自由粒子と運動量の固有関数

また、$e^{-i\frac{p}{\hbar}x}$ は運動量 $-p$ の固有関数となり、図6.7右図のように $e^{i\frac{p}{\hbar}x}$ と逆向きに進む波になります。ここで $V(x)=0$ のときのシュレーディンガー方程式、

$$-\frac{\hbar^2}{2m}\frac{d^2\varphi(x)}{dx^2} = E\varphi(x) \qquad (6.63)$$

に運動量の固有関数 $\varphi(x) = e^{i\frac{p}{\hbar}x}$ を代入すると、

$$-\frac{\hbar^2}{2m}\frac{d^2\left[e^{i\frac{p}{\hbar}x}\right]}{dx^2} = -\frac{\hbar^2}{2m}\left(i\frac{p}{\hbar}\right)^2 e^{i\frac{p}{\hbar}x} = \frac{p^2}{2m}e^{i\frac{p}{\hbar}x} \qquad (6.64)$$

なので、運動量の固有関数 $\varphi(x) = e^{i\frac{px}{\hbar}}$ は $V=0$ の場合のシュレーディンガー方程式の固有関数にもなっています。ここで $V(x)=0$ のときは力が何も働かない自由粒子を表すので、**運動量の固有関数 $e^{i\frac{p}{\hbar}x}$ を自由粒子の解ともいいます。**

> **運動量の固有関数と自由粒子**
>
> $\varphi(x)=e^{i\frac{p}{\hbar}x}$ は運動量の固有関数であり、かつ $V=0$ のハミルトニアン $H=-\frac{\hbar^2}{2m}\frac{d^2}{dx^2}$ の固有関数（$V=0$ のシュレーディンガー方程式の解）でもある。つまり、
>
> $$\begin{cases} -i\hbar\dfrac{d}{dx}e^{i\frac{p}{\hbar}x} = pe^{i\frac{p}{\hbar}x} & (6.65a) \\ -\dfrac{\hbar^2}{2m}\dfrac{d^2}{dx^2}e^{i\frac{p}{\hbar}x} = \dfrac{p^2}{2m}e^{i\frac{p}{\hbar}x} & (6.65b) \end{cases}$$
>
> である。

❖運動量の期待値

以上で準備が整ったので、電子が無限に深い井戸型ポテンシャルの固有状態（固有関数）$\varphi_n(x)=\sqrt{\frac{2}{a}}\sin\frac{n\pi}{a}x$ にあるとき、運動量の期待値を求めてみましょう。

運動量演算子 $-i\hbar\frac{d}{dx}$ を使うと、状態 $\varphi_n(x)$ のときの運動量の期待値は、

$$\int \sqrt{\frac{2}{a}}\sin\frac{n\pi}{a}x(-i\hbar\frac{d}{dx})\sqrt{\frac{2}{a}}\sin\frac{n\pi}{a}xdx \tag{6.66}$$

と書くことができます。これを計算すると、途中で三角関数の公式 $\sin x \cos x = \frac{1}{2}\sin 2x$ などを使うと、

$$\begin{aligned} \int_0^a \sqrt{\frac{2}{a}}\sin\frac{n\pi}{a}x(-i\hbar\frac{d}{dx})\sqrt{\frac{2}{a}}\sin\frac{n\pi}{a}xdx &= \frac{2}{a}(-i\hbar)\frac{n\pi}{a}\int_0^a \sin\frac{n\pi}{a}\cos\frac{n\pi}{a}xdx \\ &= -\frac{2i\hbar n\pi}{a^2}\int_0^a \frac{1}{2}\sin\frac{2n\pi}{a}xdx \\ &= -\frac{2i\hbar n\pi}{a^2}\left[\frac{-a}{4n\pi}\cos\frac{2n\pi}{a}x\right]_0^a \\ &= 0 \end{aligned}$$

となります。つまり、運動量の期待値は0です！　右にも左にも動いていないことになります。ここで、なぜ運動量の期待値が0になるのか、その物理的な意味を考えてみましょう。

図6.8 運動量の期待値

無限に深い井戸型ポテンシャルの波動関数 $\varphi_n(x) = \sqrt{\frac{2}{a}} \sin \frac{n\pi}{a} x$ は、

$$\sin x = \frac{1}{2i}(e^{ix} - e^{-ix}) \tag{6.67}$$

であることを使うと、

$$\varphi_n(x) = \sqrt{\frac{2}{a}} \sin \frac{n\pi}{a} x = \sqrt{\frac{2}{a}} \frac{1}{2i}(e^{i\frac{n\pi}{a}x} - e^{-i\frac{n\pi}{a}x}) \tag{6.68}$$

と書くことができます。式（6.68）の右辺をみると無限に深い井戸型ポテンシャルの波動関数 $\varphi_n(x)$ は右向きの運動量の固有関数 $e^{i\frac{n\pi}{a}x}$ と左向きの運動量の固有関数 $e^{-i\frac{n\pi}{a}x}$ を同じ割合で足した状態であることがわかります。そのため期待値を計算すると右向き $e^{i\frac{n\pi}{a}x}$ 半分、左向き $e^{-i\frac{n\pi}{a}x}$ 半分で運動量の期待値は0になるのです。

6.4 交換関係

演算子 A を行列 A と比較すると、演算子の固有値、固有関数を求める方程式が行列の固有値、固有関数を求める方程式と大変よく似ていることを紹介しました。さて、行列の積は順序を変えると一般には $AB\vec{x} \neq BA\vec{x}$ つまり $AB \neq BA$ となることがしばしばあります。これと同じことは量子力学の演算子の場合にも見られます。

今、演算子として x と $p = -i\hbar \frac{d}{dx}$ の積を考えましょう。これを $\varphi(x)$ に掛けると、

$$xp\varphi(x) = -ix\hbar \frac{d\varphi(x)}{dx} \tag{6.69}$$

となりますが、xp を px とすると、

$$\begin{aligned} px\varphi(x) &= -i\hbar \frac{d}{dx} x\varphi(x) \\ &= -i\hbar\varphi(x) + -i\hbar \frac{d\varphi(x)}{dx} x \\ &= -i\hbar\varphi(x) + xp\varphi(x) \end{aligned} \tag{6.70}$$

となります。ただし、2行目から3行目の変形で式 (6.69) を使っています。以上から、

$$xp\varphi(x) \neq px\varphi(x) \tag{6.71}$$

となり、x と p の順番によって結果が変わることがわかります[*5]。しかし、これは微分が含まれているのだから当たり前の結果です。式 (6.71) を演算子に着目して、

$$xp \neq px \tag{6.72}$$

と書くことがあります。このように、量子力学では演算子の順番が重要になります。

ここで、**2つの演算子 A, B の積の差 $AB - BA$ を A, B の交換関係とい**

[*5] 古典論の場合は明らかに $xp = px$ となる。

い、$[A, B]$ などと書きます。すなわち、

$$[A, B] = AB - BA \tag{6.73}$$

と書きます。x, p の交換関係は式 (6.70) より、

$$[x, p] = xp - px = i\hbar \tag{6.74}$$

となります。この関係式は 7 章の調和振動子とよばれるポテンシャルの波動関数を求めるときに使います。

6.5 規格直交性

さて、ここで無限に深い井戸型ポテンシャルの波動関数の性質をさらに調べてみましょう。波動関数は $\int \varphi_n^*(x)\varphi_n(x)dx = 1$ を満たします。それではここで、積分される波動関数 $\varphi_n(x)$ の片方を別の波動関数（例えば $\varphi_m(x)$）にした場合、積分 $\int \varphi_n^*(x)\varphi_m(x)dx$ はいったいどうなるでしょう？実はこの積分は後ですぐに説明する、量子論で大変重要な**規格直交性**と呼ばれる性質の例になっています。ここでは無限に深い井戸型ポテンシャルの波動関数を使って積分を計算してみましょう。

この積分計算は高校で学ぶ三角関数の公式 $\sin a \sin b = \frac{1}{2}[\cos(a-b) - \cos(a+b)]$ を 2 行目の式変形で使うと、以下のようになります。

$$\int_0^a \varphi_n^*(x)\varphi_m(x)dx = \int_0^a (\sqrt{\frac{2}{a}}\sin\frac{n\pi}{a}x)(\sqrt{\frac{2}{a}}\sin\frac{m\pi}{a}x)dx$$
$$= \frac{1}{a}\int_0^a [\cos\frac{(n-m)\pi}{a}x - \cos\frac{(n+m)\pi}{a}x]dx \tag{6.75}$$

これは単なる三角関数 $\cos kx$ の積分（$\int \cos kx = \frac{1}{k}\sin kx + c$）ですから簡単に計算できます。また、$m = n$ のときは $\int_0^a \varphi_n^*(x)\varphi_m(x)dx = \int_0^a \varphi_n^*(x)\varphi_n(x)dx = 1$ ですから規格化の式にもなっています。

6.5 規格直交性

● $m \neq n$ のとき

式 (6.75) を実際に計算すると、$\sin(\pi \times$自然数$) = 0$ なので、

$$\frac{1}{a} \int_0^a \left[\cos \frac{(n-m)\pi}{a} x - \cos \frac{(n+m)\pi}{a} x \right] dx$$
$$= \frac{1}{a} \left[\frac{a}{(n-m)\pi} \sin \frac{(n-m)\pi}{a} x - \frac{a}{(n+m)\pi} \sin \frac{(n+m)\pi}{a} x \right]_0^a$$
$$= \frac{1}{a} \left[\frac{a}{(n-m)\pi} (0-0) - \frac{a}{(n+m)\pi} (0-0) \right]$$
$$= 0 \tag{6.76}$$

となります。

● $m = n$ のとき

このとき、$\int_0^a \varphi_n^*(x)\varphi_m(x)dx$ となり波動関数の規格化の積分の式なので、積分値は 1 となるはずです。実際に式 (6.75) を計算してみると、

$$\frac{1}{a} \int_0^a \left[\cos \frac{0\pi}{a} x - \cos \frac{2n\pi}{a} x \right] dx = \frac{1}{a} \left[x - \frac{a}{2n\pi} \sin \frac{2n\pi}{a} x \right]_0^a$$
$$= \frac{1}{a} a = 1 \tag{6.77}$$

とたしかに 1 になります。

つまり、$n = m$ のときだけ 1 でそれ以外は 0 となります。このことを簡潔に書き表すために、**クロネッカーのデルタとよばれる $\delta_{m,n}$ なる記号**を導入します。これは、

$$\delta_{m,n} \to \begin{cases} 1 & (m = n) \\ 0 & (m \neq n) \end{cases} \tag{6.78}$$

なる記号です。つまり、等しければ 1、等しくなければ 0 です。すると、式

(6.75) の積分が $n=m$ のときだけ 1 でそれ以外は 0 となる結果は、

$$\int_0^a \varphi_n^*(x)\varphi_m(x)dx = \delta_{m,n} \tag{6.79}$$

とまとめることができます。ここで $m=n$ のときは 1 になるので規格化と同じです。$m \neq n$ のときは $\int_0^a \varphi_n^*(x)\varphi_m(x)dx$ を式 (6.53)(6.54) の議論より 2 つのベクトル φ_m, φ_n の内積とみなすと、$\int_0^a \varphi_n^*(x)\varphi_m(x)dx = 0$ は 2 つのベクトル φ_m, φ_n の内積が 0 になっているとみなせるので直交性とみなせます。そこでこの規格化と直交性の性質［式 (6.79)］をまとめて**規格直交性**といいます。

以上の規格直交性の議論は無限に深い井戸型ポテンシャルの解を例に計算しました。シュレーディンガー方程式の解は一般にこの規格直交性がある解をつくることができると知られています。

規格直交性

シュレーディンガー方程式の解の固有関数 $\varphi_n(x), \varphi_m(x)$ は、

$$\int_0^a \varphi_n^*(x)\varphi_m(x)dx = \delta_{m,n} \tag{6.80}$$

を満たすように選ぶことができる。

6.6 シュレーディンガー方程式の解の性質

ここではシュレーディンガー方程式の解の性質として、縮退とパリティについて説明します。

❖ 1次元シュレーディンガー方程式の解と縮退の関係

無限に深い井戸型ポテンシャルの解は式 (6.21) より固有関数 $\varphi_n(x) = \sqrt{\frac{2}{a}} \sin \frac{n\pi}{a} x$、エネルギー $E_n = \frac{\hbar^2 \pi^2}{2ma^2} n^2$ なので、エネルギー固有値 E_n に対して1つの波動関数 φ_n が対応します。それでは、一般にあるエネルギー固有値に対して固有関数は1つだけ対応するのでしょうか？ それとも一般にはあるエネルギー固有値に対して、色々な固有関数が考えられるのでしょうか？

ある**エネルギー固有値に対して、2つ以上の固有関数がある場合を縮退している**といいます。例えば $V=0$ の場合のシュレーディンガー方程式の解、つまり自由粒子の解 $e^{i\frac{p}{\hbar}x}$ は、運動量 p の $e^{i\frac{p}{\hbar}x}$ も逆向きに進む運動量 $-p$ の $e^{-i\frac{p}{\hbar}x}$ も動いている向きは逆ですが、同じエネルギー固有値 $E = \frac{p^2}{2m}$ を与えますから、**縮退している例**です。一方で無限に深い井戸型ポテンシャルの解は、式 (6.21) よりエネルギー固有値 E_n に対して1つの波動関数 φ_n が対応するので縮退していません。そして実は以下の性質が成り立つことが知られています。

> 1次元シュレーディンガー方程式の束縛状態の解は縮退していない。つまり、あるエネルギー固有値に対応する波動関数はただ1つである。

ここで、無限に深い井戸型ポテンシャルの解は図5.12と比べると束縛状態、自由粒子は非束縛状態です。それではこの性質を示してみましょう。まず、束縛状態では波動関数は無限遠 $x \to \pm\infty$ で $\varphi(x) \to 0$ となります。今、シュレーディンガー方程式を解いたとき、あるエネルギー E に対して2つの波動関数 φ_1, φ_2 が得られたとします。つまり、φ_1, φ_2 はシュレーディンガー方程式、

$$-\frac{\hbar^2}{2m}\varphi_1''(x) = (E - V(x))\varphi_1(x) \qquad (6.81)$$

$$-\frac{\hbar^2}{2m}\varphi_2''(x) = (E - V(x))\varphi_2(x) \qquad (6.82)$$

を満たします。縮退がないのならば、φ_1, φ_2 は定数倍を除いて等しい、つまり A を定数として $\varphi_1 = A\varphi_2$ となるはずです。

まず、式 (6.81)÷式 (6.82) より $\frac{\varphi_1''(x)}{\varphi_2''(x)} = \frac{\varphi_1(x)}{\varphi_2(x)}$ となります。ここから分母を払うと $\varphi_1''(x)\varphi_2(x) = \varphi_1(x)\varphi_2''(x)$ となります。するとここから、

$$\varphi_1''(x)\varphi_2(x) - \varphi_1(x)\varphi_2''(x) = (\varphi_1'(x)\varphi_2(x) - \varphi_1(x)\varphi_2'(x))' = 0 \quad (6.83)$$

が成り立つので積分すると、

$$\varphi_1'(x)\varphi_2(x) - \varphi_1(x)\varphi_2'(x) = c\,(定数) \quad (6.84)$$

となります。ここで束縛状態の場合、無限遠 $x \to \pm\infty$ では波動関数 $\varphi(x)$ が 0 になることを使うと、$x \to \pm\infty$ で式 (6.84) の左辺 = 0 となるので定数 c は $c = 0$ となります。よって式 (6.84) で $c = 0$ とした式において 1 を左辺、2 を右辺でまとめると、

$$\frac{\varphi_1'(x)}{\varphi_1(x)} = \frac{\varphi_2'(x)}{\varphi_2(x)} \quad (6.85)$$

となります。$(\log f(x))' = \frac{f'(x)}{f(x)}$ なので、式 (6.85) を積分すると $\log \varphi_1(x) = \log \varphi_2(x) + D\,(定数)$ となります。よって $\varphi_1(x) = e^D \varphi_2(x)$ となり、よって $A = e^D$ を定数として $\varphi_1(x) = A\varphi_2(x)$ となり、どちらも同じ関数であることがわかりました。つまり、縮退していないことがわかりました。

❖パリティ

量子論では**パリティ**という言葉が使われます。パリティとは数学の授業などで出てくる**偶関数、奇関数**と似た考え方です。偶関数とは、$y = x^2$ や $y = \cos x$ のように、x を $-x$ に置き換えても $y = (-x)^2 = x^2, y = \cos(-x) = \cos x$ のように変わらない関数をいいます。また、奇関数とは $y = x$ や $y = \sin x$ のように、x を $-x$ に置き換えると $y = -x$ や $y = \sin(-x) = -\sin x$ のようにもとの関数にマイナスがつく関数をいいます。

偶関数、奇関数と似て、パリティとは関数 $\varphi(x)$ において $x \to -x$ としたとき、

$$\begin{cases} \varphi(-x) = -\varphi(x) \text{ のとき、パリティが奇またはマイナス（奇関数）である} \\ \varphi(-x) = \varphi(x) \text{ のとき、パリティが偶またはプラス（偶関数）である} \end{cases}$$

といいます。**パリティが偶もしくは奇の状態を、パリティの固有関数（固有状態）といいます。**

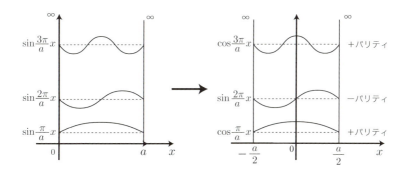

図6.9 無限に深い井戸型ポテンシャルとその解の波動関数：$0 < x < a \to -\frac{a}{2} < x < \frac{a}{2}$

さて、図6.9左図の無限に高い井戸型ポテンシャルの解の波動関数を見ると、この関数はsin関数ですから、**奇関数（－パリティ）**です。しかし、同じ波を単に図6.9右図のように全体を $\frac{a}{2}$ ずらして $x=0$ が真ん中に来るようにすると、下から偶関数（＋パリティ）、奇関数（－パリティ）、偶関数（＋パリティ）であるように見えます。このことを確かめるために、左図から右図のように波動関数を $x=-\frac{a}{2}$ だけずらしたときの波動関数の式を求めてみましょう。

$x=-\frac{a}{2}$ だけずらした式は高校数学では $y=x^2$ のグラフを $-\frac{a}{2}$ ずらしたグラフが $y=(x+\frac{a}{2})^2$ であったことを思い出すと、単に $x \to x+\frac{a}{2}$ とおけば $x=-\frac{a}{2}$ だけずらした式が得られます。

つまり、$-\frac{a}{2}$ ずらした波動関数の式は図6.9左図の $\varphi_n(x) = \sqrt{\frac{2}{a}} \sin \frac{n\pi}{a} x$ において、$x \to x+\frac{a}{2}$ とおけば求まります。具体的に計算すると

$$
\begin{aligned}
\varphi_n(x) &= \sqrt{\frac{2}{a}} \sin \frac{n\pi}{a}(x + \frac{a}{2}) \\
&= \sqrt{\frac{2}{a}} \sin(\frac{n\pi}{a}x + \frac{n\pi}{2}) \\
&= \sqrt{\frac{2}{a}} \sin \frac{n\pi}{a}x \, \cos \frac{n\pi}{2} + \sqrt{\frac{2}{a}} \cos \frac{n\pi}{a}x \, \sin \frac{n\pi}{2} \\
&= \begin{cases} \varepsilon \sqrt{\frac{2}{a}} \cos \frac{n\pi}{a}x & (n:\text{奇数}) \\ \varepsilon \sqrt{\frac{2}{a}} \sin \frac{n\pi}{a}x & (n:\text{偶数}) \end{cases}
\end{aligned} \tag{6.86}
$$

と sin または cos の関数で表されます。ただし、ε は $\varepsilon = 1$ か $\varepsilon = -1$ とします。ここで $\cos \frac{n\pi}{2} = 0$ (n:奇数)、$\sin \frac{n\pi}{2} = 0$ (n:偶数) を使っています。

よって図 6.9 右図で確かに下から cos 関数で偶関数（+パリティ）、sin 関数で奇関数（−パリティ）、cos 関数で偶関数（+パリティ）になっています。

また、図 6.9 右図の無限に深い井戸型ポテンシャル（$-\frac{a}{2} < x < \frac{a}{2}$）の波動関数は cos（偶関数）もしくは sin（奇関数）のみで表されるので、パリティの立場からはパリティの固有関数になっているといえます。

以上から、無限に高い井戸型ポテンシャルの波動関数がパリティの固有関数になっていることがわかりました。このように、シュレーティンガー方程式を解いていると、しばしば波動関数がパリティの固有状態になることがあります。

ここで、1 次元シュレーディンガー方程式とパリティの固有関数について、以下の性質が成り立つことが知られています。

1次元シュレーディンガー方程式とパリティの固有関数

対称なポテンシャル $V(-x) = V(x)$ における 1 次元シュレーディンガー方程式の束縛状態の解はパリティの固有関数（偶関数もしくは奇関数）である。

例えば、図6.9右図の無限に深い井戸型ポテンシャル（$-\frac{a}{2} < x < \frac{a}{2}$）の問題も $V(-x)=V(x)=0$ になっていますが、たった今示したように解は cos（偶関数）もしくは sin（奇関数）のみで表されるのでパリティの固有関数（偶関数もしくは奇関数）になっています。

それではこの性質を証明してみましょう。シュレーディンガー方程式、

$$-\frac{\hbar^2}{2m}\varphi''(x) + V(x)\varphi(x) = E\varphi(x) \tag{6.87}$$

において、$x \to -x$ と置くと、$V(-x)=V(x)$ ゆえ、

$$-\frac{\hbar^2}{2m}\varphi''(-x) + V(x)\varphi(-x) = E\varphi(-x) \tag{6.88}$$

が成立します。ここで本節6.6において先ほど示した、1次元シュレーディンガー方程式の束縛状態の解は縮退がないことを使うと、$\varphi(x)$ と $\varphi(-x)$ は同じ関数、つまり定数倍を除いて等しい関数になるので、

$$\varphi(-x) = A\varphi(x) \tag{6.89}$$

となります。よって、

$$\varphi(-x) = A\varphi(x) = A^2\varphi(-x) \tag{6.90}$$

が成り立つので、$A^2 = 1$ つまり $A = \pm 1$ となります。ここから $\varphi(-x)=\varphi(x)$ または $\varphi(-x)=-\varphi(x)$ となり、パリティの固有関数になることがわかりました。この定理の活用は次の第7章の7.1節で出てきます。

発展 シュレーディンガー方程式と運動方程式の関係

ミクロな世界を記述する波動関数が満たすシュレーディンガー方程式（量子論）と、マクロな世界を記述する古典的粒子の運動を表す運動方程式（古典論）は全く形が違います。それではこのシュレーディンガー方程式と運動方程式の間には何かつながりはないのでしょうか？

運動方程式は $F = -\frac{\partial V}{\partial x}$ を用いて、

$$\frac{dp}{dt} = -\frac{\partial V}{\partial x} \tag{6.91}$$

で表されました。

古典論の運動方程式と量子論のシュレーディンガー方程式の関係を調べるために、期待値に注目してみましょう。運動方程式 (6.91) の左辺の運動量 p を期待値で置き換えた式 $\frac{d<p>}{dt}$ の様子は実はシュレーディンガー方程式から計算できます。よってここから古典論と量子論の関係がわかりそうです。

実際に計算してみましょう。まず微分を計算すると、

$$\frac{d<p>}{dt} = \frac{d}{dt}\int -i\hbar\psi^*\frac{\partial \psi}{\partial x}dx \tag{6.92}$$

$$= [\int(-i\hbar\frac{\partial \psi^*}{\partial t})\frac{\partial \psi}{\partial x}dx + \int \psi^*\frac{\partial}{\partial x}(-i\hbar\frac{\partial \psi}{\partial t})dx] \tag{6.93}$$

となります。ここで時間 t の微分の計算に時間に依存したシュレーディンガー方程式 (2.31) を使い［式 (6.94)］、V がない項とある項で分離すると［式 (6.95)］、

$$= [\int(-\frac{\hbar^2}{2m}\frac{d^2\psi^*}{dx^2} + V(x)\psi^*)\frac{\partial \psi}{\partial x}dx - \int \psi^*\frac{\partial}{\partial x}(-\frac{\hbar^2}{2m}\frac{d^2\psi}{dx^2} + V(x)\psi)dx] \tag{6.94}$$

$$= -\frac{\hbar^2}{2m}\int[\frac{d^2\psi^*}{dx^2}\frac{\partial \psi}{\partial x} - \psi^*\frac{\partial^3 \psi}{\partial x^3}]dx + \int[V(x)\psi^*\frac{\partial \psi}{\partial x} - \psi^*\frac{\partial}{\partial x}V(x)\psi]dx \tag{6.95}$$

ここで波動関数 $\psi(x)$ が充分遠方の $x \to \pm\infty$ で 0 になるとすると、部分積分を繰り返すことにより第 1 項の V がない積分は 0 になります。V

がある第2項は、

$$\text{第2項} = \int [V(x)\psi^* \frac{\partial \psi}{\partial x} - \psi^* \frac{\partial V(x)}{\partial x}\psi - \psi^* \frac{\partial \psi}{\partial x} V(x)]dx$$

$$= \int [-\psi^* \frac{\partial V(x)}{\partial x}\psi]dx$$

$$= -<\frac{\partial V(x)}{\partial x}> \tag{6.96}$$

となるので、

$$\frac{d<p>}{dt} = -<\frac{\partial V(x)}{\partial x}> \tag{6.97}$$

となりました。

　これは古典的な運動方程式 (6.91) において、p、$\frac{dV(x)}{dx}$ を期待値に置き換えたものです。このようにしてシュレーディンガー方程式と運動方程式は全く別物というわけではなく、期待値でつながっているのです。さらに位置と運動量に関しては期待値に関して同じように計算すると、

$$<p> = m\frac{d<x>}{dt} \tag{6.98}$$

が成り立つことも知られています。以上は簡単のために x についてのみ調べましたが、式 (6.97)、(6.98) を**エーレンフェストの定理**といいます。3次元にすると式 (2.11) に関する＊2で学んだ"∇"ナブラ ($\nabla = (\frac{\partial}{\partial x}, \frac{\partial}{\partial y}, \frac{\partial}{\partial z})$) を使って

古典論	⇔	量子論
$\frac{d\vec{p}}{dt} = -\nabla V(\vec{x})$		$\frac{d<\vec{p}>}{dt} = -<\nabla V(\vec{x})>$
$\vec{p} = m\frac{d\vec{x}}{dt}$		$<\vec{p}> = m\frac{d<\vec{x}>}{dt}$

となります。つまり、$<\vec{p}>, <\vec{x}>, -<\nabla V(\vec{x})>$ と期待値の形にすると、

量子論は古典論の運動方程式と同じような関係式が成立することが知られています。このエーレンフェストの式から、古典論と量子論のつながりをもう少し調べてみましょう。第2章の図2.6左図を見ると、波動関数ψがあまり広がらず1点にあるようだと粒子のように見えます。これをヒントに波動関数ψがあまり広がっていないとしましょう。ここで波動関数ψがあまり広がっていない様子を「波動関数が局在している」などといいます。

例として今、波動関数はほぼある点$\vec{x}_0$付近に局在しているとします。そしてポテンシャル$V(\vec{x})$は$\vec{x}_0$に局在した波動関数ψのあたりでは変化が十分にゆるやかとしましょう。このとき、エーレンフェストの定理の式、

$$\frac{d<\vec{p}>}{dt} = -<\nabla V(\vec{x})> \tag{6.99}$$

の右辺を計算すると、

$$-<\nabla V(\vec{x})> = -\int \psi^* \nabla V(\vec{x}) \psi \, dV \approx -\int \psi^* \psi \, dV \, \nabla V(\vec{x}_0) = -\nabla V(\vec{x}_0) \tag{6.100}$$

と$\nabla V(\vec{x})$は$x \approx x_0$ではほぼ定数とみなせるので積分の外に出すことができて、右辺は古典論の力$-\nabla V(\vec{x}_0)$になります。つまり、

$$\frac{d<\vec{p}>}{dt} \approx -\nabla V(\vec{x}_0) \tag{6.101}$$

となりますが、同じくエーレンフェストの式$<\vec{p}> = m\frac{d<\vec{x}>}{dt}$より、

$$m\frac{d^2<\vec{x}>}{dt^2} \approx -\nabla V(\vec{x}_0) \tag{6.102}$$

となります。この式(6.102)から、量子論において波動関数がある点$\vec{x}_0$付近で局在し、ポテンシャル$V(\vec{x})$がその範囲で変化が十分にゆるやかならば、位置の期待値$<\vec{x}>$は古典論の運動方程式、

$$m\frac{d^2\vec{x}}{dt^2} \approx -\nabla V(\vec{x}_0) \tag{6.103}$$

とほぼ同じ方程式を満たし、古典力学と同じように扱ってよいことが

わかりました。このようにして量子論と古典力学のつながりが式の上から確認できました。

章末確認問題

1. 無限に深い井戸型ポテンシャル、

$$V(x) = \begin{cases} 0 & (0 < x < a) \\ \infty & (x < 0 \text{ または } x > a) \end{cases}$$

   のとき、
   (a) エネルギーと波動関数を具体的に求めよ。
   (b) 基底状態及び第一、第二励起状態の大まかなグラフを描け。
   (c) エネルギーの間隔は箱のサイズが変わるとどう変化するか。
   (d) $<x>$、$<p>$ を求めよ。
   (e) 基底状態及び第一励起状態の波動関数が直交することを実際に計算して確かめよ。
2. 量子論において $[x, p] = xp - px$ の値は？
3. ハミルトニアンを書け。また、ハミルトニアンを使ってシュレーディンガー方程式を書け。
4. 運動量演算子を書け。また、運動量の固有関数を書け。
5. 量子論のシュレーディンガー方程式は古典論の運動方程式とどのように結びつくか。

第**7**章

有限の深さの井戸型ポテンシャルに閉じ込められた電子

　第6章では無限に深い井戸型ポテンシャルの中に閉じ込められた電子の様子を調べましたが、現実の原子や原子核ではポテンシャルは無限の深さではありません。例えば原子核のポテンシャルは有限の深さの井戸型ポテンシャルに似ています。現実の系はポテンシャルが有限の深さであることを考慮しなければならない場合が多いのです。そのため、有限の深さのポテンシャルにおける電子の振る舞いの特徴を調べることは、ミクロの世界を理解する上で重要です。そこでこの章ではポテンシャルを無限の深さから有限の深さに変更したとき、電子の様子はどのように変化するかを見てみましょう。

7.1 有限の深さの井戸型ポテンシャルの解の様子

❖無限に深い井戸型ポテンシャルと有限の深さの井戸型ポテンシャル

現実的なポテンシャルを考えるために、第6章で学んだ無限に深い井戸型ポテンシャルの式 (6.2) を変形して、有限の深さの V_0 の井戸型ポテンシャルを考えましょう。ただし、式 (6.2) では $0 < x < a$ に電子が閉じ込められていましたが、計算しやすくするため、しばしば電子は図のように2倍広い $-a < x < a$ に閉じ込められているとします。

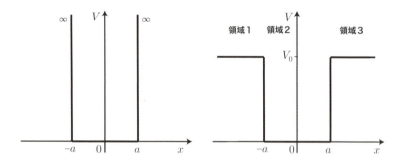

図7.1 無限に深い井戸型ポテンシャルと有限の深さの井戸型ポテンシャル

まず、比較のため $-a < x < a$ に閉じ込められた無限に深い井戸型ポテンシャルの解を計算します。波動関数は第6章で学んだ $-\frac{a}{2} < x < \frac{a}{2}$ に閉じ込められた無限に深い井戸型ポテンシャルの波動関数の式 (6.86) で $a \to 2a$ と置けばよいので、

$$\begin{cases} \sqrt{\frac{2}{2a}} \cos \frac{n\pi}{2a} x & (n:奇数 \quad 偶パリティ) \\ \sqrt{\frac{2}{2a}} \sin \frac{n\pi}{2a} x & (n:偶数 \quad 奇パリティ) \end{cases} \quad (7.1)$$

となります。k も式 (6.13) で $a \to 2a$ とおくと、

$$k2a = n\pi \to k = \frac{n\pi}{2a} \tag{7.2}$$

となり、エネルギーは $E = \frac{\hbar^2 k^2}{2m}$ から

$$E_n = \frac{\hbar^2 \pi^2}{8ma^2} n^2 \tag{7.3}$$

となります。次に有限の深さの井戸型ポテンシャルを図7.1右図のように領域1、2、3のポテンシャル、

$$V(x) = \begin{cases} 0 & (-a < x < a\text{、領域2}) \\ V_0 & (x < -a \text{ または } x > a\text{、領域1,3}) \end{cases} \tag{7.4}$$

としましょう。このときシュレーディンガー方程式は領域1、2、3でそれぞれ、

$$\begin{cases} -\dfrac{\hbar^2}{2m}\dfrac{d^2\varphi(x)}{dx^2} = E\varphi(x) & \text{（領域2）} \quad (7.5a) \\ -\dfrac{\hbar^2}{2m}\dfrac{d^2\varphi(x)}{dx^2} + V_0\varphi(x) = E\varphi(x) & \text{（領域1,3）} \quad (7.5b) \end{cases}$$

となります。このとき電子の振る舞いは、無限に深い井戸型ポテンシャルにおける電子の波動関数の式（7.1）、k を決定する式（7.2）、エネルギーの式（7.3）と比較して、どのような修正を受けるか調べてみましょう。ただし、簡単のためここでは $E < V_0$ の場合のみを考えます。$E < V_0$ の物理的な意味は少しあとの図7.3あたりで説明します。

❖ポテンシャルの壁の中の電子の様子

　井戸型ポテンシャルの高さを無限から有限に変更したときの電子の振る舞いの特徴の1つに、**ポテンシャルの壁の中、ここでは図7.1の領域1、3において電子の存在確率がある**ことが挙げられます。こういうと、ポテンシャルの壁の中に電子があるわけない、と思うかもしれません。しかしながら、以下のように実際にポテンシャルの中の波動関数を求めることがで

きます。

　まず、領域1、3のポテンシャルの壁の中でシュレーディンガー方程式 (7.5b) は、

$$-\frac{\hbar^2}{2m}\frac{d^2\varphi(x)}{dx^2} = (E - V_0)\varphi(x) \tag{7.6}$$

という形をしていますが、このシュレーディンガー方程式は、

$$\frac{d^2\varphi(x)}{dx^2} = \frac{2m(V_0 - E)}{\hbar^2}\varphi(x) \tag{7.7}$$

と変形できます。今、$E < V_0$ の場合を考えているので $V_0 - E > 0$ となり、式 (7.7) を満たす $\varphi(x)$ は2階微分すると元の関数の正の定数倍になる関数です。そのような関数として第4章4.2節では指数関数を紹介しました。実際、$\varphi(x) = e^{\rho x}$ もしくは $\varphi(x) = e^{-\rho x}$ と置くと、いずれの場合も、

$$\frac{d^2\varphi(x)}{dx^2} = \rho^2 \varphi(x) \tag{7.8}$$

となります。ここで ρ の値は式 (7.7) と比較して、

$$\rho = \frac{\sqrt{2m(V_0 - E)}}{\hbar} \tag{7.9}$$

となります。ただし、波の絶対値の2乗は粒子を見出す確率になるので、無限遠 ($x \to \pm\infty$) の極限で少なくとも $\varphi(x) \to 0$ となることが必要です。その結果、式 (7.9) を満たす ρ を使ってポテンシャルの壁の中での電子の波動関数を、

$$\varphi(x) = \begin{cases} Ae^{\rho x} & (x < -a) \\ Ae^{-\rho x} & (x > a) \end{cases} \tag{7.10}$$

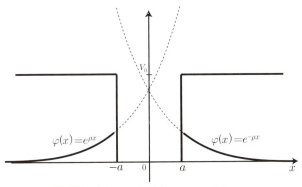

図7.2 $\varphi(x) = e^{\rho x}$ と $\varphi(x) = e^{-\rho x}$ のグラフ

と書くとシュレーディンガー方程式（7.7）を満たします。$\varphi(x)$ のグラフは図のようになります。ここで壁のなかの波 $\varphi(x)$ の絶対値の2乗、

$$|\varphi(x)|^2 = |A|^2 e^{\pm 2\rho x} \neq 0 \tag{7.11}$$

は粒子を見出す確率になるので、シュレーディンガー方程式を解くことにより、**ポテンシャルの壁の中 x に電子が存在できる確率は $|A|^2 e^{2\rho x} (x < -a)$、$|A|^2 e^{-2\rho x} (x > a)$ でありゼロではない**ことがわかりました。これは電子がトンネルの中に入り込んでいるような印象と似ている側面もあり、**トンネル効果**といいます。

❖シュレーディンガー方程式の解の大まかな様子

シュレーディンガー方程式の解の大まかな様子として、有限の深さの井戸型ポテンシャルの場合は、壁の中に波動関数が入り込むことができることを説明しました。それではエネルギーはどうなるのでしょう？

無限に深い井戸型ポテンシャルの場合、図7.3左図のようにどんなにエネルギーが大きくなっても波動関数はポテンシャルの中に全て閉じ込められます。しかし有限の深さの井戸型ポテンシャルの場合、エネルギー E が図7.3右図のポテンシャルの高さ V_0 より大きくなるとポテンシャルの箱からあふれてしまいます。ここで**ポテンシャルに閉じ込められている状態（$E < V_0$）を束縛状態、あふれている状態を非束縛状態（$E > V_0$）**といいます。

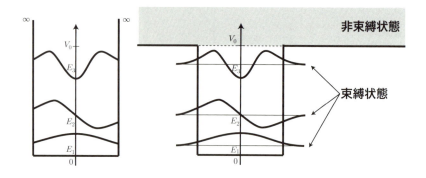

図7.3 無限に深い井戸型ポテンシャルの解と
有限の深さの井戸型ポテンシャルの解の大まかな様子
束縛状態（$E < V_0$）が3つある場合。波動関数がポテンシャルの壁の中にも少し入り込んでいる。

つまり、何個かの状態は束縛状態としてポテンシャルに閉じ込められているが、ポテンシャルの高さV_0より状態のエネルギーが大きくなるとあふれて非束縛状態になるのです。非束縛状態については後ほど第9章9.6節でも学びます。以上の議論から、有限の深さの井戸型ポテンシャルの解の大まかな様子として、以下のことがわかりました（図7.3 右図参照）。

- 束縛状態が（無限個でなく）有限個ある。
- ポテンシャルの壁の中に電子が入り込む確率がある（トンネル効果）。

❖シュレーディンガー方程式を解いてみよう

それではシュレーディンガー方程式を具体的にきちんと解いて、有限の深さの井戸型ポテンシャルの解の大まかな様子を再現するか確かめてみましょう。シュレーディンガー方程式（7.5）を変形すると、領域1、2、3においてそれぞれシュレーディンガー方程式は、

$$\begin{cases} \dfrac{d^2\varphi(x)}{dx^2} = -\dfrac{2mE}{\hbar^2}\varphi(x) & (領域2) \\ \dfrac{d^2\varphi(x)}{dx^2} = \dfrac{2m(V_0-E)}{\hbar^2}\varphi(x) & (領域1,3) \end{cases} \quad (7.12\text{a})\\(7.12\text{b})$$

となります。

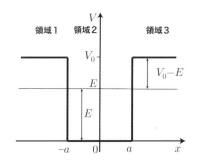

図7.4 有限の深さの井戸型ポテンシャルとV_0-Eおよび,Eの物理意味

ただし束縛状態を考えるので$V_0-E>0$です。ここで図7.4を見るとあきらかなようにEはポテンシャルの底を基準としたエネルギーを表し、V_0-Eは図7.4よりエネルギーEを持った粒子が感じるポテンシャルの壁の高さを表します。ここで

$$\rho = \frac{\sqrt{2m(V_0-E)}}{\hbar}, \quad k = \frac{\sqrt{2mE}}{\hbar} \quad (7.13)$$

と置くと、各領域の波動関数は以下の形、

$$\varphi(x) = \begin{cases} Ae^{\rho x} & (領域1) \\ B\sin kx + C\cos kx & (領域2) \\ De^{-\rho x} & (領域3) \end{cases} \quad (7.14)$$

に書くとシュレーディンガー方程式 (7.12) を満たします。

さて、第6章ではこのあと、境界条件を使って波動関数φとエネルギーEを決定しました。この問題ではどのようにして波動関数φとエネルギー

Eを決定すればいいのでしょう？

　波動関数φは全ての場所で連続で滑らかにつながっていると考えられます。そのため、領域1、2の境界$x=-a$及び領域2、3の境界$x=a$では波動関数φが連続かつ滑らかにつながっていることが必要です。つまり、各領域の境界$x=-a$及び$x=a$で波動関数及びその微分φ'が等しくなることが必要です。これらを使って波動関数φとエネルギーEを決定しましょう。

　まず、各領域における波動関数φの微分は、

$$\frac{d\varphi(x)}{dx} = \varphi'(x) = \begin{cases} A\rho e^{\rho x} & \text{(領域 1)} \\ Bk\cos kx - Ck\sin kx & \text{(領域 2)} \\ -\rho D e^{-\rho x} & \text{(領域 3)} \end{cases} \quad (7.15)$$

なので、各領域の境界$x=-a$及び$x=a$で波動関数φ及びその微分φ'が等しくなる（これを接続条件といいます）ことから、

$x=-a$で$\varphi_1=\varphi_2$から	$Ae^{-\rho a} = -B\sin ka + C\cos ka$	(7.16)
$x=-a$で$\varphi'_1=\varphi'_2$から	$A\rho e^{-\rho a} = Bk\cos ka + Ck\sin ka$	(7.17)
$x=a$で$\varphi_2=\varphi_3$から	$B\sin ka + C\cos ka = De^{-\rho a}$	(7.18)
$x=a$で$\varphi'_2=\varphi'_3$から	$Bk\cos ka - Ck\sin ka = -\rho De^{-\rho a}$	(7.19)

となります。この4つの式からA, B, C, D及びk, ρを調べれば良いのです。

　まず式（7.17）$-\rho \times$式（7.16）より、

$$B(k\cos ka + \rho\sin ka) + C(k\sin ka - \rho\cos ka) = 0 \quad (7.20)$$

　一方、式（7.19）$+\rho \times$式（7.18）より、

$$B(k\cos ka + \rho\sin ka) - C(k\sin ka - \rho\cos ka) = 0 \quad (7.21)$$

となります。ここから式（7.20）+式（7.21）より、

$$B(k\cos ka + \rho\sin ka) = 0 \quad (7.22)$$

となります。式（7.20）-式（7.21）より、

$$C(k \sin ka - \rho \cos ka) = 0 \tag{7.23}$$

を得ます。以上、波動関数が領域の境界で連続かつ滑らかにつながるという条件から、

$$\begin{cases} B(k \cos ka + \rho \sin ka) = 0 & (7.24a) \\ C(k \sin ka - \rho \cos ka) = 0 & (7.24b) \end{cases}$$

が得られました。この式（7.24）から B, C 及び ρ, k の関係式を求めてみましょう。まず、$B = C = 0$ とすると、各領域の波動関数の式（7.14）より領域2の波動関数がゼロになり、すると境界で波動関数が連続であるので領域1,3でも波動関数はゼロになり矛盾します。よって $B \neq 0$ または $C \neq 0$ が必要です。

● $B \neq 0$ の場合

式（7.24a）より $k \cos ka + \rho \sin ka = 0$ つまり、$\rho = -k \frac{\cos ka}{\sin ka}$ となりますが、$\cot x = \frac{\cos x}{\sin x}$ なので、

$$\rho = -k \cot ka \tag{7.25}$$

となります。これを式（7.24b）に代入すると、

$$\begin{aligned} C(k \sin ka + k \cot ka \cos ka) &= C \frac{(\sin^2 ka + \cos^2 ka)k}{\sin ka} \\ &= C \frac{k}{\sin ka} = 0 \end{aligned} \tag{7.26}$$

ここで $k \neq 0$ つまり $\frac{k}{\sin ka} \neq 0$ ゆえ、$C = 0$ となります。すなわち、各領域の波動関数の式（7.14）より領域2では $\varphi = B \sin kx$ となります。以上をまとめると、

$$B \neq 0 \text{ ならば } \rho = -k \cot ka \text{ かつ、領域2で } \varphi = B \sin kx \tag{7.27}$$

となります。

● $C \neq 0$ の場合

式 (7.24b) より $k \sin ka - \rho \cos ka = 0$ つまり、

$$\rho = k \tan ka \tag{7.28}$$

となります。これを式 (7.24a) に代入すると、

$$B(k \cos ka + k \tan ka \sin ka) = B\frac{(\cos^2 ka + \sin^2 ka)k}{\cos ka}$$
$$= B\frac{k}{\cos ka} = 0 \tag{7.29}$$

となります。ここで $\frac{k}{\cos ka} \neq 0$ なので、$B = 0$ となります。すなわち、各領域の波動関数の式 (7.14) より領域2で $B = 0$ つまり $\varphi = C \cos kx$ となります。まとめると、

$$C \neq 0 \text{ ならば } \rho = k \tan ka \text{ かつ、領域2で } \varphi = C \cos kx \tag{7.30}$$

となります。

結局まとめるとここまでの計算で、

● $B = 0, C \neq 0$ の場合
領域2で $\varphi(x) = C \cos kx$ であり、ρ と k の関係は $\rho = k \tan ka$
● $B \neq 0, C = 0$ の場合
領域2で $\varphi(x) = B \sin kx$ であり、ρ と k の関係は $\rho = -k \cot ka$

がわかりました。さらにここで ρ, k の中には式 (7.13) より E がともに式中にあるので、互いに独立ではなく、$\rho^2 + k^2$ を計算すると式 (7.13) より、

$$\rho^2 + k^2 = \frac{2m(V_0 - E)}{\hbar^2} + \frac{2mE}{\hbar^2} = \frac{2mV_0}{\hbar^2} \tag{7.31}$$

の関係があります。

以下では $B = 0, C \neq 0$ のときの結果、および $B \neq 0, C = 0$ のときの結果並びに今計算した式 (7.31) の結果を使って解を調べてみましょう。

▶ $B = 0$, $C \neq 0$ の場合

まず領域2で $\varphi(x) = C\cos kx$ なので、これは偶パリティの関数です。かつこのとき $\rho = k\tan ka$ が成り立つので、式（7.31）も使うと、

$$\begin{cases} \rho = k\tan ka & (7.32a) \\ \rho^2 + k^2 = \dfrac{2mV_0}{\hbar^2} & (7.32b) \end{cases}$$

が成り立ちます。$k = \frac{\sqrt{2mE}}{\hbar}$ ですから、k がわかるとエネルギー E もわかります。そこで、k を求めてみましょう。ここで式（7.32a）の tan の中が ka なので、式（7.32a）の両辺を a 倍し、式（7.32b）の両辺を a^2 倍すると、

$$\begin{cases} \rho a = ka\tan ka & (7.33a) \\ (\rho a)^2 + (ka)^2 = \dfrac{2mV_0 a^2}{\hbar^2} & (7.33b) \end{cases}$$

になります。

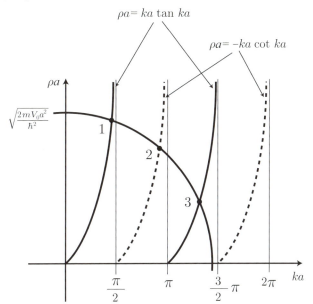

図7.5 グラフの交点の k がエネルギー $E = \frac{\hbar^2 k^2}{2m}$ を与える。図では交点は3個ある

これらの式は横軸を ka、縦軸を ρa にとると、図のように式 (7.33b) は半径 $\sqrt{\frac{2mV_0 a^2}{\hbar^2}}$ の円を表し、図では実線の $\frac{1}{4}$ 円で描かれています。一方で式 (7.33a) は式中に tan 関数があるので n を整数として $ka = n\pi$ で $\rho a = 0$ となり、$ka = \frac{\pi}{2} + n\pi$ に近づくにつれて $\rho a = \infty$ となる関数です[*1]。図では実線の曲線で描かれています。図に見られる破線の曲線はここでは使いません ($B \neq 0, C = 0$ の場合に使います)。

ここから ka の値を具体的に求めて $k = \frac{\sqrt{2mE}}{\hbar}$ よりエネルギー E を具体的に求めることは困難ですが、解すなわち k または E の大まかな様子はわかります。解の k は式 (7.33) を満たすので、式 (7.33) をグラフにした 2 つの図形の交点 1、3 を与える k が束縛状態の解 $k = \frac{\sqrt{2mE}}{\hbar}$ を与えます[*2]。すると図から $ka = \frac{\pi}{2}$ 及び $ka = \frac{3\pi}{2}$ の少し小さい所に交点 1、3 があることがわかります。この交点の物理的意味はすぐ後に説明します。ここから求まった k を使ってエネルギーは式 (7.13) から $E = \frac{\hbar^2 k^2}{2m}$ と求まります。

▶ $B \neq 0, C = 0$ の場合

領域 2 で $\varphi(x) = B \sin kx$ なので、これは奇パリティの関数です。かつ $\rho = -k \cot ka$ なので、

$$\begin{cases} \rho a = -ka \cot ka & (7.34a) \\ (\rho a)^2 + (ka)^2 = \frac{2mV_0 a^2}{\hbar^2} & (7.34b) \end{cases}$$

の交点を与える k が束縛状態の E を与えます。式 (7.34a) の中にある $\cot ka$ は n を整数として $ka = \frac{\pi}{2} + n\pi$ で $\rho a = 0$ になり、$ka = n\pi$ に近づくにつれて $\rho a = \infty$ になるので[*3]図の点線のグラフになります。よって交点は図 7.4 の交点 2 となります。交点 2 は図から $ka = \pi$ の少し小さい所にあります。この交点から求まった k を使ってエネルギーは式 (7.13) から $E = \frac{\hbar^2 k^2}{2m}$ となります。この交点の物理的意味も同じく次に説明します。

❖無限に深い井戸型ポテンシャルの解との比較

図 7.5 の交点 1、2、3 の物理的意味を調べましょう。交点 1、2、3 は $ka = \frac{n\pi}{2}$ より少し小さい所にあります。ここで $ka = \frac{n\pi}{2}$ は $k2a = n\pi$ と変形でき

[*1] $\tan x = \frac{\sin x}{\cos x}$ より明らか。

[*2] ここでは簡単のために ka や ρa としたが、多くの本はギリシャ文字の $\eta = ka, \xi = \rho a$ などを使っている。

[*3] $\cot x = \frac{\cos x}{\sin x}$ より明らか。

ますが、これは式（7.2）に出てきた無限に深い井戸型ポテンシャルの場合のkを決定する式と同じです。つまり、$ka = \frac{n\pi}{2}$は無限に深い井戸型ポテンシャルの解のエネルギー$E = \frac{\hbar^2 k^2}{2m} = \frac{\hbar^2 n^2 \pi^2}{8ma^2}$を与えます。

すると、交点1、2、3が$ka = \frac{n\pi}{2}$より少し小さい所にあることは、**有限の深さの井戸型ポテンシャルの解のエネルギー$E = \frac{\hbar^2 k^2}{2m}$は無限に深い井戸型ポテンシャルの解のエネルギー$E = \frac{\hbar^2 n^2 \pi^2}{8ma^2}$よりも少し小さい**ことを意味します。

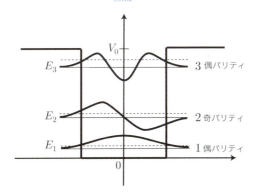

図7.6 有限の深さの井戸型ポテンシャルの場合のエネルギーと波動関数の大まかな様子
点線は無限に深い井戸型ポテンシャルの場合のエネルギー$E_n = \frac{\hbar^2 n^2 \pi^2}{8ma^2}$。番号は図7.5の番号に対応。

図7.6は点線が無限に深い井戸型ポテンシャルの場合のエネルギー、実線が有限の深さの井戸型ポテンシャルの場合のエネルギーです。これは物理的には、ポテンシャルの深さが無限から有限になったことで、波動関数が多少広がりエネルギーが下がったと解釈できます。

波動関数は無限に深い井戸型ポテンシャルの場合、式（7.1）より、cos関数, sin関数が交互に現れましたが、有限の深さの井戸型ポテンシャルの場合も交点1,3に対応する波動関数はcos関数、交点2に対応する波動関数はsin関数と交互に現れています。また、図で1、2、3とエネルギーが大きくなるにつれ、無限に深い井戸型ポテンシャルの解の波動関数と同じく波動関数の腹の数も1、2、3と増えていることを確認しましょう。

また図7.5で交点が3つあることから束縛状態は図7.5のように3つあることがわかります。つまり「交点の個数＝束縛状態の解の個数」になっています。

❖ ポテンシャルの深さV_0、大きさaと束縛状態の数の関係

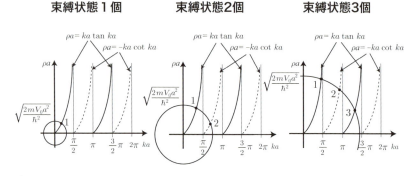

図7.7 円の半径 $\sqrt{\frac{2mV_0a^2}{\hbar^2}}$ を変えたときの交点の数（束縛状態の数）

　ここで有限の深さの井戸型ポテンシャルの解の特徴をもう少し詳しく調べましょう。図のように円の半径 $\sqrt{\frac{2mV_0a^2}{\hbar^2}}$ が大きくなる、例えばポテンシャルV_0が深くなったり井戸の幅aが大きくなると1, 2, 3…個と交点の数は増えます。つまり、束縛状態の数は1, 2, 3…個と増えます。その一方で、どんなに円の半径 $\sqrt{\frac{2mV_0a^2}{\hbar^2}}$ が小さくなっても、図のように交点は必ず1個はあるので、束縛状態は必ず1つはあることがわかります[*4]。ここで、束縛状態がn個ある条件を求めてみましょう。これは図より、$\frac{\pi}{2}(n-1) \leq$ 円の半径 $< \frac{\pi}{2}n$ となるので $\frac{(n-1)\pi}{2} \leq \sqrt{\frac{2mV_0a^2}{\hbar^2}} < \frac{n\pi}{2}$ となり、これを整理して

$$\frac{\pi^2\hbar^2}{8m}(n-1)^2 \leq V_0a^2 < \frac{\pi^2\hbar^2}{8m}n^2 \tag{7.35}$$

が束縛状態がn個ある条件となります。

[*4] これは1次元の場合の特徴。第9章で学ぶが、3次元の場合は束縛状態がないこともある。

参考 パリティを利用した有限の深さの井戸型ポテンシャルの解法

有限の深さの井戸型ポテンシャルの解は、第6章6.6節で学んだ「1次元シュレーディンガー方程式の束縛状態はパリティの固有関数である」という性質を使うと、もっと簡単に解けます。量子論の教科書ではこの性質を使って解を導いているものも多いので、ここでも参考のためにこの性質を使った解法を紹介します。

まず、「1次元シュレーディンガー方程式の束縛状態はパリティの固有関数である」ことから、式 (7.14) の領域2の波動関数は $B \sin kx$ (奇パリティ) もしくは $C \cos kx$ (偶パリティ) となります。ここからまず

- 領域2での波動関数が $B \sin kx$ (奇パリティ) の場合
  波動関数が $x=a$ で滑らかにつながる条件から、

$$x=a \text{ で } \quad \varphi_2 = \varphi_3 \quad B \sin ka = De^{-\rho a} \tag{7.36}$$
$$x=a \text{ で } \quad \varphi'_2 = \varphi'_3 \quad Bk \cos ka = -\rho De^{-\rho a} \tag{7.37}$$

ですが、式 (7.37)÷式 (7.36) から、

$$k \cot ka = -\rho \tag{7.38}$$

が得られます。

- 領域2での波動関数が $C \cos kx$ (偶パリティ) の場合
  波動関数が $x=a$ で滑らかにつながる条件から、

$$x=a \text{ で } \quad \varphi_2 = \varphi_3 \quad C \cos ka = De^{-\rho a} \tag{7.39}$$
$$x=a \text{ で } \quad \varphi'_2 = \varphi'_3 \quad -Ck \sin ka = -\rho De^{-\rho a} \tag{7.40}$$

ですが、式 (7.40)÷式 (7.39) から、

$$k \tan ka = \rho \tag{7.41}$$

が得られます。

これは、これまで地道に計算してきた結果の式 (7.27)、式 (7.30) と同じです。よってあとは同様にして解くことができます。

7.2 与えられたポテンシャルにおける状態の大まかな様子

　私達はこれまでに無限に深い井戸型ポテンシャル及び有限の深さの井戸型ポテンシャルの問題を解きました。そして、解の波動関数の大まかな様子を学びました。図7.6などから具体的には

> **束縛状態の解の大まかな様子**
> - 境界で波の値は小さくなる。
> - エネルギーが大きくなるにつれて波の腹の数が1、2、3個と増えていく。

などです[*5]。ここから私達は、ポテンシャルの形を見ただけでも大まかな波動関数は推測できるのです。もちろん正確な波動関数はきちんと計算しなければなりませんが、この節ではポテンシャルが与えられたときの大まかな波動関数の様子を計算をしないで描いてみましょう。

❖井戸型ポテンシャル

問題1 図7.8左図のポテンシャルで束縛状態が2つあると仮定して波動関数の大まかな様子を描きましょう。

問題2 図7.8右図のポテンシャルで束縛状態が1つあると仮定して波動関数の大まかな様子を描きましょう。

[*5] ポテンシャルから波動関数の大まかな形を類推することに関しては参考文献 [1] が詳しい。

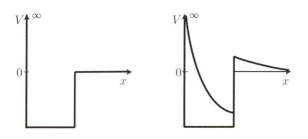

図7.8 井戸型ポテンシャルの問題

(**答え1**) 図7.9左図のようになります。$x=0$でポテンシャルが無限大なので、$x=0$で波動関数がゼロとして波動関数を描きます。このポテンシャルは第11章で学ぶ有限の深さの3次元井戸型ポテンシャルと同等です。

(**答え2**) 図7.9右図のようになります。右図のポテンシャルは第11章で学ぶ有限の深さの3次元井戸型ポテンシャルに遠心ポテンシャルを加えた図と同等です。

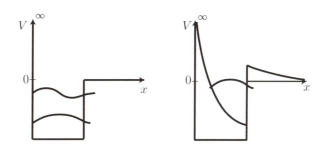

図7.9 井戸型ポテンシャルの問題の答え

❖クーロンポテンシャル

問題 下図のようにクーロンポテンシャルに似たポテンシャルを考えます。$x=0$ でポテンシャル無限大になっている点が実際のクーロンポテンシャルとは異なります。このとき、束縛状態の波動関数の大まかな様子を描きましょう。

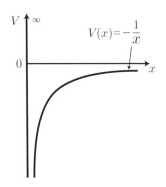

図7.10 クーロンポテンシャルの問題

答え 図のようになります。$x=0$ でポテンシャルが無限大なので、$x=0$ で波動関数がゼロとして波動関数を描きます。

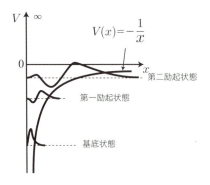

図7.11 クーロンポテンシャルの問題の答え

❖調和振動子ポテンシャル

問題 下図のように調和振動子ポテンシャルを考えます。このとき、束縛状態の波動関数の大まかな様子を描きましょう。

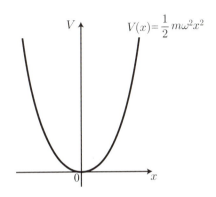

図7.12 調和振動子の問題

答え 図のようになります。

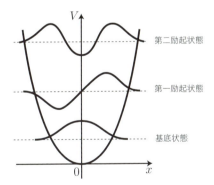

図7.13 調和振動子の問題の答え

7.3 演算子法による調和振動子問題の解法

❖生成消滅演算子

第5章5.3節で出てきた調和振動子ポテンシャルのシュレーディンガー方程式

$$-\frac{\hbar^2}{2m}\varphi'(x)+\frac{1}{2}m\omega^2 x^2\varphi(x)=E\varphi(x) \tag{7.42}$$

は、方程式をそのまま解くことは大変です。しかし、以下に紹介する演算子法を使ってエレガントに解くことができることが知られています。ここでは参考としてその解法を紹介しましょう。調和振動子のハミルトニアン H は5.3節で学んだようにポテンシャルエネルギーが $\frac{1}{2}m\omega^2 x^2$ なので、

$$H=\frac{p^2}{2m}+\frac{1}{2}m\omega^2 x^2 \tag{7.43}$$

です。また6.2節で学んだように $\frac{p^2}{2m}=-\frac{\hbar^2}{2m}\frac{d^2}{dx^2}$ です。ここで今、次のような演算子、

$$a=\sqrt{\frac{m\omega}{2\hbar}}(x+\frac{ip}{m\omega}), \quad a^\dagger=\sqrt{\frac{m\omega}{2\hbar}}(x-\frac{ip}{m\omega}) \tag{7.44}$$

を導入してみましょう。a は**消滅演算子**、$a^\dagger$ は**生成演算子**とよばれます。これらの名前の意味は後ほどの計算で明らかにします。まずこのとき、$a^\dagger a$ を計算してみると、6.4節で学んだ $[x,p]=xp-px=i\hbar$ などを使って、

$$\begin{aligned}a^\dagger a &= \frac{m\omega}{2\hbar}(x-\frac{ip}{m\omega})(x+\frac{ip}{m\omega})\\&=\frac{m\omega}{2\hbar}(x^2+\frac{i}{m\omega}(xp-px)+\frac{p^2}{m^2\omega^2})\\&=\frac{1}{\hbar\omega}(\frac{1}{2}m\omega^2 x^2-\frac{1}{2}\hbar\omega+\frac{p^2}{2m})\\&=\frac{H}{\hbar\omega}-\frac{1}{2}\end{aligned} \tag{7.45}$$

となります。つまり、調和振動子のハミルトニアンHはこの生成・消滅演算子を使って式（7.45）より、

$$H = \frac{p^2}{2m} + \frac{1}{2}m\omega^2 x^2 = \hbar\omega(a^\dagger a + \frac{1}{2}) \tag{7.46}$$

と簡潔に表されます。ここから調和振動子ポテンシャルのシュレーディンガー方程式の固有値・固有関数を調べるには、$a^\dagger a$の固有値・固有関数がわかればよいということがわかります。つまり、$a^\dagger a$の固有値をn、固有関数をφ_nと置くと、

$$a^\dagger a \varphi_n = n\varphi_n \tag{7.47}$$

を満たすn、φ_nがわかれば、

$$H\varphi_n = \hbar\omega(a^\dagger a + \frac{1}{2})\varphi_n = \hbar\omega(n + \frac{1}{2})\varphi_n \tag{7.48}$$

となるので、調和振動子ポテンシャルのシュレーディンガー方程式の波動関数は$a^\dagger a$の固有関数$\varphi_n(x)$であり、エネルギーは単純に、

$$E = \hbar\omega(n + \frac{1}{2}) \tag{7.49}$$

とnの値で決まることがわかります。また、$a^\dagger$とaの交換関係を計算すると、

$$\begin{aligned}
aa^\dagger - a^\dagger a &= \frac{m\omega}{2\hbar}(x + \frac{ip}{m\omega})(x - \frac{ip}{m\omega}) - \frac{m\omega}{2\hbar}(x - \frac{ip}{m\omega})(x + \frac{ip}{m\omega}) \\
&= \frac{m\omega}{2\hbar}\left((x^2 + \frac{i}{m\omega}(px - xp) + \frac{p^2}{m^2\omega^2}) - (x^2 + \frac{i}{m\omega}(xp - px) + \frac{p^2}{m^2\omega^2})\right) \\
&= \frac{1}{2\hbar}(\hbar + \hbar) \\
&= 1
\end{aligned} \tag{7.50}$$

つまり、

$$[a, a^\dagger] = 1 \tag{7.51}$$

なる関係が成立します。この関係は後述の計算で利用します。

❖基底状態

まず、基底状態を求めてみましょう。式（7.48）から固有値 n が最も小さいとき、エネルギーは最小すなわち基底状態になります。n の最小値は式（7.47）（7.44）から、

$$\begin{aligned}
n &= \int \varphi_n^* n \varphi_n dx = \int \varphi_n^* a^\dagger a \varphi_n dx \\
&= \frac{m\omega}{2\hbar} \int \varphi_n^* (x - \frac{ip}{m\omega})(x + \frac{ip}{m\omega})\varphi_n dx \\
&= \frac{m\omega}{2\hbar} \int \left[(x + \frac{ip}{m\omega})\varphi_n^*\right]\left[(x + \frac{ip}{m\omega})\varphi_n\right]dx \\
&= \frac{m\omega}{2\hbar} \int \left[\overline{(x + \frac{ip}{m\omega})\varphi_n}\right]\left[(x + \frac{ip}{m\omega})\varphi_n\right]dx \\
&= \frac{m\omega}{2\hbar} \int \left|(x + \frac{ip}{m\omega})\varphi_n\right|^2 dx \geq 0 \qquad (7.52)
\end{aligned}$$

となります*6。つまり、式（7.52）の被積分関数が $\left|(x + \frac{ip}{m\omega})\varphi_n\right|^2 \geq 0$ なので $n \geq 0$ です。それでは $n=0$ となる場合はあるのでしょうか？

$n=0$ となる場合があるとすると、式（7.52）で $n=0$ と置いた、

$$0 = \frac{m\omega}{2\hbar} \int \left|(x + \frac{ip}{m\omega})\varphi_0\right|^2 dx \qquad (7.53)$$

が成り立つので、これは被積分関数が 0 つまり、

$$(x + \frac{ip}{m\omega})\varphi_0 = 0 \qquad (7.54)$$

となります。これは演算子 $a = \sqrt{\frac{m\omega}{2\hbar}}(x + \frac{ip}{m\omega})$ を用いると、

$$a\varphi_0 = 0 \qquad (7.55)$$

を意味します。よって、式（7.54）を満たす φ_0 が見つかれば、$n=0$ となる

---

*6 2行目から3行目の式変形では p には $p = -i\hbar \frac{d}{dx}$ と微分があるが、部分積分 $\int fg'dx = [fg] - \int f'g dx$ を使うことにより $\int \varphi^* p a \varphi dx = (-i\hbar)[\varphi^* a\varphi] - \int (p\varphi^*) a\varphi dx$ となる。定積分 $(-i\hbar)[\varphi^* a\varphi]$ は波動関数が無限遠で0になることを使うと0になるので、$\int \varphi^* pa\varphi dx = -\int (p\varphi^*) a\varphi dx$ となり、3行目の式が得られる。また、4行目で $\overline{p} = -i\hbar\overline{\frac{d}{dx}} = i\hbar\frac{d}{dx} = -p$ つまり $\overline{ip} = ip$ を使っている。

場合があることになります。

ここで $p = -i\hbar \frac{d}{dx}$ なので、式 (7.54) は、

$$(x + \frac{ip}{m\omega})\varphi_0 = 0$$
$$\to x\varphi_0 + \frac{\hbar}{m\omega}\frac{d\varphi_0}{dx} = 0 \tag{7.56}$$

となります。この式は、

$$\frac{d\varphi_0}{dx} = -\frac{m\omega}{\hbar}x\varphi_0 \tag{7.57}$$

と変形されます。ここから φ_0 は微分すると自分自身に x と定数 $-\frac{m\omega}{\hbar}$ を掛けた関数であることがわかるので、

$$\varphi_0 = Ae^{-\frac{m\omega}{2\hbar}x^2} \tag{7.58}$$

とすれば、式 (7.57) を満たすことが具体的に計算することによりわかります。よって、具体的に $n=0$ となる関数 $\varphi_0 = Ae^{-\frac{m\omega}{2\hbar}x^2}$ が見つかったので、最小エネルギーはエネルギーの式 (7.49) に $n=0$ を代入して $E = \frac{1}{2}\hbar\omega$ となることがわかりました。このとき、無限に深い井戸型ポテンシャルの場合と同様に、最小エネルギーはゼロではなく、やはり有限の正の値になっていることに注意しましょう。

▶基底状態の規格化

$x_0 = \sqrt{\frac{\hbar}{m\omega}}$ と置くと基底状態の波動関数 (7.58) は規格化定数を A として $\varphi_0 = Ae^{-\frac{1}{2}(\frac{x}{x_0})^2}$ と置けます。波動関数の規格化、

$$\int |\varphi_0|^2 dx = \int |A|^2 e^{-(\frac{x}{x_0})^2} dx = 1 \tag{7.59}$$

から規格化定数 A を決定していきます。ここにでてくる積分の計算は、自然科学の分野でしばしば出てくるガウス積分とよばれる積分、

$$\text{ガウス積分} \quad \int e^{-\alpha x^2} dx = \sqrt{\frac{\pi}{\alpha}} \tag{7.60}$$

を使うと、

$$\int |\varphi_0|^2 dx = \int |A|^2 e^{-(\frac{x}{x_0})^2} dx \tag{7.61}$$

$$= |A|^2 \sqrt{\pi} x_0 = 1 \tag{7.62}$$

から規格化定数は $A = \frac{1}{x_0^{\frac{1}{2}} \pi^{\frac{1}{4}}}$ と求まります。よって規格化定数も含めた基底状態の波動関数は $x_0 = \sqrt{\frac{\hbar}{m\omega}}$ として、

$$\varphi_0 = \frac{1}{x_0^{\frac{1}{2}} \pi^{\frac{1}{4}}} e^{-\frac{1}{2}(\frac{x}{x_0})^2} \tag{7.63}$$

となります。

❖励起状態

今度は励起状態を求めてみましょう。励起状態を求める下準備として、式（7.47）を満たす状態 φ_n を考えます。つまり、φ_n は、

$$a^\dagger a \varphi_n = n \varphi_n \tag{7.64}$$

を満たす関数で固有値、固有関数はそれぞれ n、φ_n です。ここで φ_n に $a^\dagger$ をかけた状態 $a^\dagger \varphi_n$ を考えてみましょう。この状態 $a^\dagger \varphi_n$ も実は式（7.47）を満たします。

実際、$[a, a^\dagger] = aa^\dagger - a^\dagger a = 1$ を使うと、

$$(a^\dagger a) a^\dagger \varphi_n = a^\dagger (1 + a^\dagger a) \varphi_n = a^\dagger (1 + n) \varphi_n = (n+1) a^\dagger \varphi_n \tag{7.65}$$

となりますが、式（7.47）と比べると、$a^\dagger \varphi_n$ は固有値 $n+1$ の固有関数 φ_{n+1} であることがわかります。ただし定数倍は異なっていてもかまわないので、c を定数として、

$$a^\dagger \varphi_n = c \varphi_{n+1} \tag{7.66}$$

と置けます。このようにして $a^\dagger$ は n の値を1増やす状態を作り出すことがわかります。そのため、$a^\dagger$ は生成演算子とよばれます。同様にして計算は省略しますが、$a \varphi_n$ は固有値 $n-1$ の状態 φ_{n-1} を作り出します。そのため、

a は消滅演算子とよばれます。

▶励起状態の規格化

先ほどの式、

$$a^\dagger \varphi_n = c\varphi_{n+1} \tag{7.67}$$

の c がわかると、基底状態 φ_0 の式 (7.63) を用いて $a^\dagger \varphi_0 = c\varphi_1$ より励起状態 φ_1 が求まります。そこでここでは励起状態を計算するため具体的にこの定数 c を求めてみましょう。まず式 (7.67) で $a^\dagger$ を式 (7.46) と $x_0 = \sqrt{\frac{\hbar}{m\omega}}$ を使って計算すると、

$$\begin{aligned}
a^\dagger &= \sqrt{\frac{m\omega}{2\hbar}}(x - \frac{ip}{m\omega}) \\
&= \frac{1}{\sqrt{2}x_0}(x - i\frac{(-i\hbar)}{m\omega}\frac{d}{dx}) \\
&= \frac{1}{\sqrt{2}x_0}(x - x_0^2\frac{d}{dx})
\end{aligned} \tag{7.68}$$

なので[*7]、$a = \sqrt{\frac{m\omega}{2\hbar}}(x + \frac{ip}{m\omega}) = \frac{1}{\sqrt{2}x_0}(x + x_0^2\frac{d}{dx})$ であり、

$$a^\dagger \varphi_n = \frac{1}{\sqrt{2}x_0}(x - x_0^2\frac{d}{dx})\varphi_n = c\varphi_{n+1} \tag{7.69}$$

となります。さらに両辺の絶対値の2乗を積分すると、

$$\frac{1}{2x_0^2}\int |(x - x_0^2\frac{d}{dx})\varphi_n|^2 dx = c^2 \int |\varphi_{n+1}|^2 dx \tag{7.70}$$

となります。ここで、波動関数 φ_n は規格化されているとしましょう。式 (7.70) は以下の式変形で部分積分の公式 $\int f'g dx = [fg] - \int fg' dx$ を使う（1行目から2行目）などすると、

[*7] $p = -i\hbar\frac{d}{dx}$ を使っている。

$$\frac{1}{2x_0^2}\int\left[(x-x_0^2\frac{d}{dx})\varphi_n^*\right]\left[(x-x_0^2\frac{d}{dx})\varphi_n\right]dx = c^2\int|\varphi_{n+1}|^2 dx$$

$$\iff \frac{1}{2x_0^2}\int \varphi_n^*(x+x_0^2\frac{d}{dx})(x-x_0^2\frac{d}{dx})\varphi_n dx = c^2$$

$$\iff \int \varphi_n^* a a^\dagger \varphi_n dx = c^2$$

$$\iff \int \varphi_n^* (a^\dagger a + 1)\varphi_n dx = c^2$$

$$\iff \int \varphi_n^* (n+1)\varphi_n dx = c^2$$

$$\iff (n+1) = c^2 \tag{7.71}$$

となります。よって $c=\sqrt{n+1}$ となり、

$$a^\dagger \varphi_n = \sqrt{n+1}\,\varphi_{n+1} \tag{7.72}$$

となります。この式を φ_{n+1} について解くと、

$$\varphi_{n+1} = \frac{a^\dagger}{\sqrt{n+1}}\varphi_n \tag{7.73}$$

となります。そこで励起状態は一般に、

$$\varphi_n = (\frac{a^\dagger}{\sqrt{n}})(\frac{a^\dagger}{\sqrt{n-1}})\cdots(\frac{a^\dagger}{\sqrt{1}})\varphi_0 \tag{7.74}$$

すなわち、

$$\varphi_n = \frac{(a^\dagger)^n}{\sqrt{n!}}\varphi_0 = (\frac{1}{\sqrt{2}x_0})^n \frac{1}{\sqrt{n!}}(x-x_0^2\frac{d}{dx})^n \varphi_0 \tag{7.75}$$

から求めることができます。

例えば第一励起状態は、

$$\varphi_1 = \frac{1}{\sqrt{2}x_0}(x - x_0^2 \frac{d}{dx})\varphi_0$$
$$= \frac{1}{\sqrt{2}x_0}(x - x_0^2 \frac{d}{dx})\frac{1}{x_0^{\frac{1}{2}}\pi^{\frac{1}{4}}}e^{-\frac{1}{2}(\frac{x}{x_0})^2}$$
$$= \frac{1}{\sqrt{2}x_0}\frac{1}{x_0^{\frac{1}{2}}\pi^{\frac{1}{4}}}(xe^{-\frac{1}{2}(\frac{x}{x_0})^2} + xe^{-\frac{1}{2}(\frac{x}{x_0})^2})$$
$$= \frac{1}{\sqrt{2}x_0^{\frac{1}{2}}\pi^{\frac{1}{4}}}2(\frac{x}{x_0})e^{-\frac{1}{2}(\frac{x}{x_0})^2} \tag{7.76}$$

と計算されます。第二励起状態は、

$$\varphi_2 = \frac{a^\dagger}{\sqrt{2}}\varphi_1$$
$$= \frac{1}{\sqrt{2}}\frac{1}{\sqrt{2}x_0}(x - x_0^2 \frac{d}{dx})\varphi_1$$
$$= \frac{1}{\sqrt{2}}\frac{1}{\sqrt{2}x_0}(x - x_0^2 \frac{d}{dx})\frac{1}{\sqrt{2}x_0^{\frac{1}{2}}\pi^{\frac{1}{4}}}2(\frac{x}{x_0})e^{-\frac{1}{2}(\frac{x}{x_0})^2}$$
$$= \frac{1}{\sqrt{2}x_0^2 x_0^{\frac{1}{2}}\pi^{\frac{1}{4}}}(x - x_0^2 \frac{d}{dx})xe^{-\frac{1}{2}(\frac{x}{x_0})^2}$$
$$= \frac{1}{\sqrt{2}x_0^2 x_0^{\frac{1}{2}}\pi^{\frac{1}{4}}}\left(x^2 e^{-\frac{1}{2}(\frac{x}{x_0})^2} - x_0^2 e^{-\frac{1}{2}(\frac{x}{x_0})^2} + x^2 e^{-\frac{1}{2}(\frac{x}{x_0})^2}\right)$$
$$= \frac{1}{\sqrt{2}x_0^{\frac{1}{2}}\pi^{\frac{1}{4}}}\left(2(\frac{x}{x_0})^2 - 1\right)e^{-\frac{1}{2}(\frac{x}{x_0})^2} \tag{7.77}$$

このようにして第n励起状態の波動関数はnが小さい場合、以下のようになります。

$$\begin{cases} \varphi_0(x) = \frac{1}{x_0^{\frac{1}{2}}\pi^{\frac{1}{4}}}e^{-\frac{1}{2}(\frac{x}{x_0})^2} & (7.78a) \\ \varphi_1(x) = \frac{1}{\sqrt{2}x_0^{\frac{1}{2}}\pi^{\frac{1}{4}}}2(\frac{x}{x_0})e^{-\frac{1}{2}(\frac{x}{x_0})^2} & (7.78b) \\ \varphi_2(x) = \frac{1}{\sqrt{2}x_0^{\frac{1}{2}}\pi^{\frac{1}{4}}}\left(2(\frac{x}{x_0})^2 - 1\right)e^{-\frac{1}{2}(\frac{x}{x_0})^2} & (7.78c) \end{cases}$$

ここで $x_0 = \sqrt{\frac{\hbar}{m\omega}}$ としています。基底状態は定数$=e^{-\frac{1}{2}\left(\frac{x}{x_0}\right)^2}$であり、第 n 励起状態は定数$=e^{-\frac{1}{2}\left(\frac{x}{x_0}\right)^2}$に n 次関数をかけた形になっています。

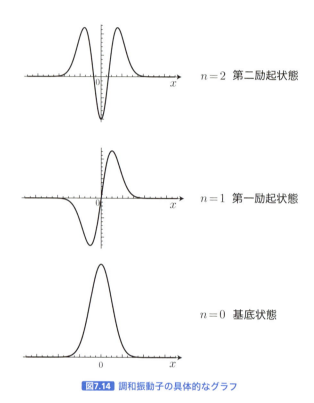

図7.14 調和振動子の具体的なグラフ

図7.14は調和振動子の具体的なグラフです。大まかに描いた図7.12とたいへんよく似ています。エネルギーが高くなるにつれて波の腹の数が増えていくことがわかります。

> **まとめ** 演算子法による調和振動子問題の解法
>
> 調和振動子のエネルギー固有値は、
> $$E = \hbar\omega\left(n + \frac{1}{2}\right) \quad (n = 0, 1, 2, \cdots) \tag{7.79}$$
> で表される。基底状態は、
> $$a\varphi_0 = 0 \tag{7.80}$$
> を満たし、ここから基底状態が求まる。基底状態が求まると生成演算子 $a^\dagger$ を用いることにより、$\varphi_n = \frac{(a^\dagger)^n}{\sqrt{n!}}\varphi_0$ から励起状態を作ることができる。

章末確認問題

1. 有限の深さの井戸型ポテンシャルにおける波動関数の大まかな様子を、無限に深い井戸型ポテンシャルの場合と比較して描け。
2. 有限の深さの井戸型ポテンシャルの問題において、束縛状態が2個ある条件を求めよ。同様に束縛状態が n 個ある条件を求めよ。
3. クーロンポテンシャルにおける波動関数の大まかな様子を描け。
4. 調和振動子ポテンシャルにおける第一励起状態の規格化された波動関数を求めよ。

第8章

ポテンシャルの山が あるときの電子

　第7章ではシュレーディンガー方程式を解くと、電子は古典的には許されない壁の中に入り込めることを示しました。それでは、ある有限の幅のポテンシャルの壁があったとき、電子はその壁をすり抜けることもできるのでしょうか？　実は電子はポテンシャルの壁をすり抜けることができます。ここでは簡単な例を通じて、量子論の立場から電子がポテンシャルの壁をすり抜ける様子を調べてみましょう。

8.1 粒子は壁をすり抜けられる？

❖ゆるく束縛された状態は波動関数がしみだしやすい

第7章では図7.1右図の有限の深さの井戸型ポテンシャルの問題を議論しました。その際、ポテンシャル障壁中（$|x|>a$）の波動関数、存在確率をまとめて書くと式（7.10）より、

$$\begin{cases} \varphi(x) = Ae^{-\frac{\sqrt{2m(V_0-E)}}{\hbar}|x|} & \text{(8.1a)} \\ |\varphi(x)|^2 = A^2 e^{-\frac{2\sqrt{2m(V_0-E)}}{\hbar}|x|} & \text{(8.1b)} \end{cases}$$

となります。

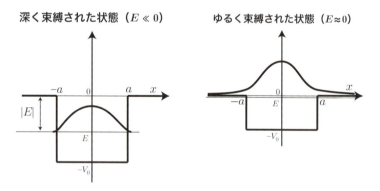

図8.1 束縛エネルギーと波動関数のしみだしの関係
エネルギーEから見たポテンシャルの壁の高さ$|E|$が右図のように低くなると、波動関数はポテンシャル障壁$x>|a|$の中にたくさんしみだすようになる。

ここで、図7.1右図のポテンシャルを$-V_0$だけ低くした図のようなポテンシャルを考えます。これは無限遠でポテンシャルが0になっていますが、現実の系では5章の図5.1、図5.2のように無限遠でポテンシャルが0になっている場合がしばしばあるので、無限遠でポテンシャルが0になるモデ

ルの例と考えればよいでしょう。このとき、図をみると $|E|$ はエネルギー E から見たポテンシャルの壁の高さになっています。このとき、ポテンシャル障壁中（$|x|>a$）の波動関数は式（8.1）で V_0-E を $-V_0$ 低くするので、$V_0-E \to -E=|E|$ とおいて、

$$\begin{cases} \varphi(x) = Ae^{-\frac{\sqrt{2m|E|}}{\hbar}|x|} & \text{(8.2a)} \\ |\varphi(x)|^2 = A^2 e^{-\frac{2\sqrt{2m|E|}}{\hbar}|x|} & \text{(8.2b)} \end{cases}$$

となります。すると、図8.1左図のような $|E|$ が大きく、つまり深く束縛された状態では、ポテンシャル障壁中（$x>|a|$）における存在確率は、

$$|\varphi(x)|^2 = A^2 e^{-\frac{2\sqrt{2m|E|}}{\hbar}|x|} = A^2 e^{-大きな数 \times |x|} \tag{8.3}$$

となるので $|\varphi(x)|^2$ は $|x|>a$ で急速に0になり、粒子はほぼ箱の中にあると考えていいでしょう。しかし右図のように E が非常に0に近くてエネルギー E から見たポテンシャルの壁の高さ $|E|$ が低くなる、つまりゆるく束縛された状態のとき、ポテンシャル障壁中（$x>|a|$）における粒子の存在確率は、

$$|\varphi(x)|^2 = A^2 e^{-\frac{2\sqrt{2m|E|}}{\hbar}|x|} = A^2 e^{-微小な数 \times |x|} \tag{8.4}$$

となり、右図のようにゆっくり減少することになります。つまり粒子の存在確率はポテンシャルの壁の中（$x>|a|$）でも小さくないことがわかります。このようにエネルギー E から見たポテンシャルの壁の高さ $|E|$ が低くなると、波動関数はポテンシャル障壁 $x>|a|$ の中にたくさんしみだすようになるのです。

❖電子は壁をすり抜けられる？

古典論：壁を越えられない   **量子論：外にしみ出すことができる？**

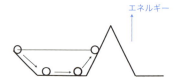 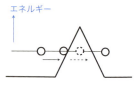

図8.2 古典論：トンネルしない　量子論：トンネルする確率がある

　今度は図8.2左図のような古典的な粒子を考えてみましょう。左図ではある高さのボールが転がり、三角の壁の途中でボールが止まっています。壁の高さが高いので、ボールが壁を乗り越えることは決してありません。

　その一方で第7章で学んだように、電子の場合は、電子がポテンシャルの中に入りこむことができるので、図のようにポテンシャルの壁（**ポテンシャル障壁**などという）をすり抜けてしまうことができるのです。特に、図8.1で学んだようにエネルギーEから見たポテンシャルの壁の高さ$|E|$が低くなると波動関数は外にしみだしやすくなります。第7章ではトンネル効果として波動関数が古典力学では入り込むことのできないポテンシャル障壁の中に入り込む効果を紹介しましたが、その結果として波動関数が実際にポテンシャル障壁をこえて外にしみだすこともできるのです。

❖アルファ崩壊とトンネル効果

α線が原子核から出てくる様子

図8.3 アルファ崩壊

このトンネル効果の例として、**アルファ崩壊（α崩壊）**とよばれる、図8.3のような原子核の中から**アルファ粒子（アルファ線）**が出てくる現象が有名です。ここでアルファ粒子**(α粒子)**とはヘリウム原子核のことです。

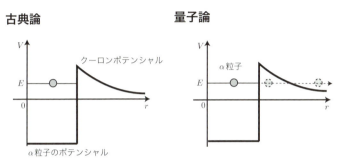

図8.4 アルファ崩壊を説明するトンネル効果

アルファ粒子が原子核から出てくる様子は簡単には図のようなポテンシャルを使うと説明できます。アルファ粒子はヘリウム原子核ですからプラスの電荷を持ちます。一方、原子核は陽子数を z とすると ze の電荷を持ちます。そのため、アルファ粒子は原子核の外では原子核の電荷由来のクーロンポテンシャルを主に感じます。ここで計算してみるとクーロンポテンシャルは図のように原子核から出てくるアルファ粒子のエネルギー E よりも大きくなっていることが知られています。

そのため、アルファ粒子は図のクーロンポテンシャルの壁（山）をすり抜けないと原子核から出てくることはできません。古典論では当然、左図のようにクーロンポテンシャルの山をすり抜けることはできません。

しかしながら、量子論では波動関数はしみだすことができるので、すり抜ける確率があります。ロシア生まれのガモフ（George Gamow）はこのクーロンポテンシャルの山をすり抜ける確率を量子論的に計算し、みごとにいくつかのアルファ粒子が出てくる現象を大まかに説明したのです。

8.2 ポテンシャルの山があるときの電子の様子とトンネル効果

❖各領域のシュレーディンガー方程式

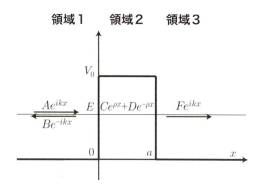

図8.5 ポテンシャルの山

図のようなポテンシャルの問題を考えます。図にはポテンシャルの壁があります。$E<V_0$ の場合を考えます。まず、シュレーディンガー方程式は、

$$\begin{cases} 領域2 & -\frac{\hbar^2}{2m}\frac{d^2\varphi(x)}{dx^2}+V_0\varphi(x)=E\varphi(x) \\ 領域1,3 & -\frac{\hbar^2}{2m}\frac{d^2\varphi(x)}{dx^2}=E\varphi(x) \end{cases} \quad (8.5)$$

となります。これを計算すると

$$\begin{cases} 領域2 & \frac{d^2\varphi(x)}{dx^2}=\frac{2m(V_0-E)}{\hbar^2}\varphi(x)=\rho^2\varphi(x) \\ 領域1,3 & \frac{d^2\varphi(x)}{dx^2}=-\frac{2mE}{\hbar^2}\varphi(x)=-k^2\varphi(x) \end{cases} \quad (8.6)$$

となります。このとき k, ρ は、

$$k=\frac{\sqrt{2mE}}{\hbar}, \quad \rho=\frac{\sqrt{2m(V_0-E)}}{\hbar} \quad (8.7)$$

となります。

❖ 各領域の波

今、領域1で図8.5のように左から運動量$\hbar k$を持った波e^{ikx}が入射するとします。このとき、大部分はポテンシャルの壁に当たると反射しますが、一部はポテンシャルの壁をすり抜けて透過すると考えられます。ここではその透過率を具体的に計算してみましょう。ここで、ポテンシャルの壁に当たって反射した反射波はe^{-ikx}と表されます。そのため、ポテンシャルの壁の左側の領域1では波の形は式 (8.6)(8.7) より、

$$\text{領域1} \quad \varphi_1(x) = Ae^{ikx} + Be^{-ikx} \tag{8.8}$$

と**入射波**e^{ikx}と**反射波**e^{-ikx}の和で表されます。ポテンシャルの中（領域2）では式 (8.6)(8.7) より$e^{\rho x}$と$e^{-\rho x}$の指数関数がシュレーディンガー方程式 (8.6) を満たすので、

$$\text{領域2} \quad \varphi_2(x) = Ce^{\rho x} + De^{-\rho x} \tag{8.9}$$

が可能です。さらにポテンシャルの壁の右側（領域3）では右に進む波（出ていく波）のみが考えられます。つまり、左に進む波は物理的にありません。そこで、領域3では波は式 (8.6)(8.7) より、

$$\text{領域3} \quad \varphi_3(x) = Fe^{ikx} \tag{8.10}$$

となります。まとめると、

$$\begin{cases} \text{領域1} \quad \varphi_1(x) = Ae^{ikx} + Be^{-ikx} & \text{(8.11a)} \\ \text{領域2} \quad \varphi_2(x) = Ce^{\rho x} + De^{-\rho x} & \text{(8.11b)} \\ \text{領域3} \quad \varphi_3(x) = Fe^{ikx} & \text{(8.11c)} \end{cases}$$

となります。

❖ 接続条件と電子がすり抜ける確率（透過率）の求め方の方針

以上の波がそれぞれの領域の境界で滑らかにつながるという条件（接続条件）からA、B、C、D、Fの関係が求まります。ただし、ここでは電子

がポテンシャルの壁をすり抜ける確率のみを調べましょう。すると、

$$\text{電子がすり抜ける確率（透過率）} = \frac{\text{出ていく波の確率}}{\text{入射波の確率}} = \frac{|Fe^{ikx}|^2}{|Ae^{ikx}|^2} = \left|\frac{F}{A}\right|^2 \quad (8.12)$$

となるので、A、B、C、D、F全てではなく、$\left|\frac{F}{A}\right|^2$を求めれば良いことになります。まず、領域1と領域2の境界$x=0$で波が滑らかにつながるという条件から、$x=0$での波の値とそれぞれの微分が等しくなるので、

$$\begin{cases} \varphi_1(0) = \varphi_2(0) \text{ より } Ae^{ik0} + Be^{-ik0} = Ce^{\rho 0} + De^{-\rho 0} & (8.13a) \\ \varphi'_1(0) = \varphi'_2(0) \text{ より } Aike^{ik0} + B(-ik)e^{-ik0} = C\rho e^{\rho 0} + D(-\rho)e^{-\rho 0} & (8.13b) \end{cases}$$

となります。ここから、

$$\begin{cases} A + B = C + D & (8.14a) \\ Aik - Bik = C\rho - D\rho & (8.14b) \end{cases}$$

となります。次に領域2と3の境界$x=a$で波が滑らかにつながるという条件から、$x=a$での波の値とそれぞれの微分が等しくなるので、

$$\begin{cases} \varphi_2(a) = \varphi_3(a) \text{ より } \quad Ce^{\rho a} + De^{-\rho a} = Fe^{ika} & (8.15a) \\ \varphi'_2(a) = \varphi'_3(a) \text{ より } \quad C\rho e^{\rho a} - D\rho e^{-\rho a} = Fike^{ika} & (8.15b) \end{cases}$$

となります。ここで求める透過率は$\left|\frac{F}{A}\right|^2$なので、透過率を求めることは、この4つの連立方程式（8.14）（8.15）から$\left|\frac{F}{A}\right|^2$を求める高校数学の問題に帰着します。

❖電子がすり抜ける確率（透過率）の計算

それでは具体的に計算してみましょう。計算が苦手な人は結果だけ見ても構いませんが、比較的少ない計算で解ける数少ない例ですので、できるだけ式を追ってみましょう。

式（8.14）から、領域1のAを領域2のC、Dで表してみましょう。式

(8.14) から、
$$Aik - ik(C + D - A) = C\rho - D\rho$$
$$2ikA = (ik + \rho)C + (ik - \rho)D$$
$$A = \frac{(ik + \rho)}{2ik}C + \frac{(ik - \rho)}{2ik}D \qquad (8.16)$$

となります。次に領域2の C、D を領域3の F で表してみます。式 (8.15) から、
$$C\rho e^{\rho a} - \rho(Fe^{ika} - Ce^{\rho a}) = Fike^{ika}$$
$$C(\rho e^{\rho a} + \rho e^{\rho a}) = (\rho + ik)e^{ika}F$$
$$C = \frac{(\rho + ik)}{2\rho}e^{ika}e^{-\rho a}F \qquad (8.17)$$

及び、
$$\rho(Fe^{ika} - De^{-\rho a}) - \rho De^{-\rho a} = Fike^{ika}$$
$$D(-\rho e^{-\rho a} - \rho e^{-\rho a}) = (ik - \rho)e^{ika}F$$
$$D = \frac{(\rho - ik)}{2\rho}e^{ika}e^{\rho a}F \qquad (8.18)$$

となります。式 (8.16) に C、D を F で表した式 (8.17)、(8.18) を代入すると、$\frac{F}{A}$ が求まります。

$$A = \Big(\frac{(ik+\rho)}{2ik}\frac{\rho+ik}{2\rho}e^{ika}e^{-\rho a} + \frac{(ik-\rho)}{2ik}\frac{\rho-ik}{2\rho}e^{ika}e^{\rho a}\Big)F$$
$$= \frac{e^{ika}}{4i\rho k}F\Big((\rho+ik)^2 e^{-\rho a} - (\rho-ik)^2 e^{\rho a}\Big)$$
$$= \frac{e^{ika}}{4i\rho k}F\Big((\rho^2 - k^2)(e^{-\rho a} - e^{\rho a}) + 2i\rho k(e^{-\rho a} + e^{\rho a})\Big) \qquad (8.19)$$

ここで両辺の絶対値の2乗を計算すると、$|\alpha + \beta i|^2 = (\alpha + \beta i)(\alpha - \beta i) = \alpha^2 + \beta^2$ なので、$|e^{ika}|^2 = |\cos ka + i \sin ka|^2 = \cos^2 ka + \sin^2 ka = 1$ を利用して

$$\begin{aligned}
|A|^2 &= \frac{|F|^2}{16\rho^2 k^2}\Big((\rho^4 - 2\rho^2 k^2 + k^4)(e^{-2\rho a} - 2 + e^{2\rho a}) + 4\rho^2 k^2(e^{-2\rho a} + 2 + e^{2\rho a})\Big) \\
&= \frac{|F|^2}{16\rho^2 k^2}\Big((\rho^4 - 2\rho^2 k^2 + k^4)(e^{-2\rho a} - 2 + e^{2\rho a}) + 4\rho^2 k^2(e^{-2\rho a} - 2 + e^{2\rho a} + 4)\Big) \\
&= \frac{|F|^2}{16\rho^2 k^2}\Big((\rho^4 - 2\rho^2 k^2 + k^4 + 4\rho^2 k^2)(e^{-2\rho a} - 2 + e^{2\rho a}) + 16\rho^2 k^2\Big) \\
&= \frac{|F|^2}{16\rho^2 k^2}\Big(4(\rho^2 + k^2)^2 \sinh^2 \rho a + 16\rho^2 k^2\Big) \\
&= \frac{|F|^2}{4\rho^2 k^2}\Big((\rho^2 + k^2)^2 \sinh^2 \rho a + 4\rho^2 k^2\Big)
\end{aligned}$$
(8.20)

となります。ここで $\sinh x = \frac{e^x - e^{-x}}{2}$ を使いました。よって透過率は、

$$\left|\frac{F}{A}\right|^2 = \frac{4\rho^2 k^2}{\left((\rho^2 + k^2)^2 \sinh^2 \rho a + 4\rho^2 k^2\right)}$$
(8.21)

と具体的に求まりました！

❖電子がすり抜ける確率（透過率）の特徴

$\rho = \frac{\sqrt{2m(V_0 - E)}}{\hbar}$, $k = \frac{\sqrt{2mE}}{\hbar}$ を使って透過率の式（8.21）を V, a, E などで具体的に書くと、

$$\begin{aligned}
\left|\frac{F}{A}\right|^2 &= \frac{4 \frac{2m(V_0 - E)}{\hbar^2} \frac{2mE}{\hbar^2}}{\left(\frac{2m(V_0 - E) + 2mE}{\hbar^2}\right)^2 \sinh^2\left(\frac{\sqrt{2m(V_0 - E)}}{\hbar} a\right) + 4 \frac{2m(V_0 - E)}{\hbar^2} \frac{2mE}{\hbar^2}} \\
&= \frac{4E(V_0 - E)}{V_0^2 \sinh^2\left(\frac{\sqrt{2m(V_0 - E)}}{\hbar} a\right) + 4E(V_0 - E)}
\end{aligned}$$
(8.22)

となります。
　ここで $\rho a = \frac{\sqrt{2m(V_0 - E)}}{\hbar} a \gg 1$ の場合を考えてみましょう。これは例えば a が大きかったり、$V_0 - E$ つまり図8.5をみるとエネルギー E からみたポテンシャルの壁が高いなどの場合です。このとき、$\sinh \rho a \approx \frac{e^{\rho a}}{2} \gg 1$ なので、式 (8.22) は以下のように変形できます。

$$\left|\frac{F}{A}\right|^2 = \frac{4E(V_0-E)}{V_0^2 \sinh^2\left(\frac{\sqrt{2m(V_0-E)}}{\hbar}a\right) + 4E(V_0-E)}$$

$$\approx \frac{1}{\frac{V_0^2}{16E(V_0-E)}e^{\left(\frac{2\sqrt{2m(V_0-E)}}{\hbar}a\right)} + 1}$$

$$\approx \frac{16E(V_0-E)}{V_0^2} e^{-\left(\frac{2\sqrt{2m(V_0-E)}}{\hbar}a\right)} \tag{8.23}$$

ここで、2行目から3行目の式変形では $x \gg 1$ のとき $\frac{1}{x+1} \approx \frac{1}{x} = x^{-1}$ の関係を使いました。ここから透過率は、ほぼ指数関数で決まることがわかります。そこで、式 (8.23) の指数関数の部分が透過率をほぼ決めると考えられます。このように近似すると、

$$透過率 \approx e^{-\left(\frac{2\sqrt{2m(V_0-E)}}{\hbar}a\right)} \tag{8.24}$$

となります。ρ と a で表すと式 (8.24) $= e^{-2\rho a}$ です。つまり、透過率は最終的に、

$$透過率 \begin{cases} = \dfrac{4E(V_0-E)}{V^2 \sinh^2\left(\frac{\sqrt{2m(V_0-E)}}{\hbar}a\right) + 4E(V_0-E)} & \text{(8.25a)} \\[2ex] \approx e^{-\left(\frac{2\sqrt{2m(V_0-E)}}{\hbar}a\right)} = e^{-2\rho a} \quad (\rho a \gg 1) & \text{(8.25b)} \end{cases}$$

となります。ここから大まかな様子をつかんでみましょう。$\rho a \gg 1$ の場合は式 (8.25b) のようにわかりやすい式になっているので、$\rho a \gg 1$ の場合を調べましょう。式 (8.25b) より、$\rho a \gg 1$ のとき透過率 $= e^{-2\rho a}$ となっていますが、その大まかな様子は次ページの図8.6となります。

図では $\rho a \gg 1$ のみ実線で書いています。$e^{-2\rho a}$ は ρa が大きくなるにつれて急激に小さくなる関数です。式 (8.25b) 及び図8.7をみると、ポテンシャルの壁の厚さ a が大きく、かつ $V_0 - E$ が大きくその結果 ρ が大きいほど ρa が大きくなり、透過率 $e^{-2\rho a}$ は小さくなることがわかります。

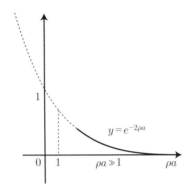

図8.6 透過率は $e^{-2\rho a}$ のグラフ。ただし、$\rho a \gg 1$

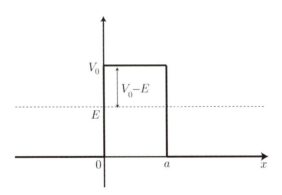

図8.7 $\rho a \gg 1$ のとき、透過率 $e^{-2\rho a}$ は $V_0 - E$ と壁の厚さ a で決まる

　これは図の壁の厚さ a が大きいほど透過しにくく、エネルギー E からみたポテンシャルの壁の高さ $V_0 - E$ が高いほど透過しにくいことを表しており、直感とも一致しやすい結果となっています。ただし、$\rho a \gg 1$ でないときは式（8.25a）を使って計算します。

❖電子がすり抜けるときの波動関数

　ここでは $\rho a \gg 1$ のとき、波動関数の大まかな様子を図に描いてみましょ

う。領域3の波動関数は $\varphi_3(x) = Fe^{ikx}$ とわかっており、領域2では $\rho a \gg 1$ と式 (8.17)、(8.18) から、$C \ll D$ となるので C は無視できて波動関数は $\varphi_2(x) = De^{-\rho x}$ となります。

一方、領域1の波動関数は以下のようにして求まります。A を C, D で表した式 (8.16) と同様に B を C, D で表すと、式 (8.14) から、

$$(C + D - B)ik - Bik = C\rho - D\rho$$
$$-2ikB = -(\rho + ik)D$$
$$B = \frac{\rho + ik}{2ik}D \tag{8.26}$$

となります。ここで C を無視しました。また、A を C, D で表した式 (8.16) で C を無視すると、

$$A = \frac{ik - \rho}{2ik}D \tag{8.27}$$

となります。以上を式 (8.11a) の A, B に代入して計算すると、領域1の波動関数は

$$\begin{aligned}\varphi_3(x) &= Ae^{ikx} + Be^{-ikx} \\ &= \frac{ik - \rho}{2ik}De^{ikx} + \frac{\rho + ik}{2ik}De^{-ikx} \\ &= D\cos kx - \frac{D\rho}{k}\sin kx\end{aligned} \tag{8.28}$$

と三角関数になります。以上をまとめると $\rho a \gg 1$ のとき波動関数は、

$$\begin{cases}領域1 & \varphi_1(x) = D\cos kx - \dfrac{D\rho}{k}\sin kx & (8.29\text{a}) \\ 領域2 & \varphi_2(x) = De^{-\rho x} & (8.29\text{b}) \\ 領域3 & \varphi_3(x) = Fe^{ikx} & (8.29\text{c})\end{cases}$$

となります。これを図にしたものが次の図8.8です。

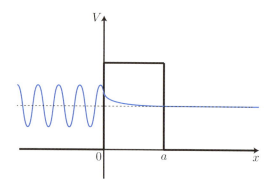

図8.8 トンネル電子の様子。領域1では三角関数、領域2では減衰する指数関数 $e^{-\rho x}$、領域3では進行波 e^{ikx}

　以上から電子の存在確率は図のように、入射波の大半は跳ね返りますが、一部はポテンシャルの壁に侵入して波は指数関数的に減少する様子がわかります。この様子はトンネル効果の直感的理解に重要ですので、ぜひ図をみて納得しておきましょう。

章末確認問題

1. 有限の深さの井戸型ポテンシャル問題において、エネルギーが0に近くなるとトンネル効果が顕著になることを式で説明せよ。
2. 図8.5のようなポテンシャルの山があるとき、各領域の波動関数はどのようになるか？
3. 図8.5のようなポテンシャルの山があるとき、透過率を求めよ。

第 **9** 章

3次元シュレーディンガー方程式の解Ⅰ
(直交座標及びs波の場合)

　これまでは簡単のため1次元のシュレーディンガー方程式を調べてきました。しかし、実際の世界は3次元空間ですから、現実のミクロな世界を知りたければ、3次元シュレーディンガー方程式の性質を理解することが重要です。この章では簡単な場合について、3次元シュレーディンガー方程式の解の様子を学びます。

9.1 直交座標3次元シュレーディンガー方程式の解の様子

まず、3次元シュレーディンガー方程式の様子を大まかに理解するために、簡単に手計算で解ける例を考えてみましょう。簡単な例は1次元の場合と同じく、無限に深い井戸型ポテンシャルの場合です。

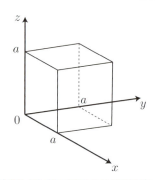

図9.1 無限に深い直交座標3次元井戸型ポテンシャル

1次元では $0<x<a$ で $V=0$、それ以外で $V=\infty$ としましたが、ここでは $0<x, y, z<a$（領域1とする）で $V=0$、それ以外（領域2とする）で $V=\infty$ としましょう。これは直感的には図のように硬い1辺 a の立方体の壁に閉じ込められた電子を考えればいいでしょう。

このとき立方体内部の領域1でのシュレーディンガー方程式は、

$$-\frac{\hbar^2}{2m}\left(\frac{\partial^2 \varphi}{\partial x^2} + \frac{\partial^2 \varphi}{\partial y^2} + \frac{\partial^2 \varphi}{\partial z^2}\right) = E\varphi \tag{9.1}$$

となります。境界条件は、1次元の無限に深い井戸型ポテンシャルの問題と同様、立方体に閉じ込められているので境界で波がゼロ、すなわち x, y, z を立方体の中 $0<x, y, z<a$ の値として、

$$\begin{cases} \varphi(0,y,z) = \varphi(x,0,z) = \varphi(x,y,0) = 0 & (9.2\text{a}) \\ \varphi(a,y,z) = \varphi(x,a,z) = \varphi(x,y,a) = 0 & (9.2\text{b}) \end{cases}$$

となります。

❖ 変数分離

この問題では波動関数 $\varphi(x, y, z)$ を x, y, z それぞれ1変数の関数の積、

$$\varphi(x, y, z) = X(x)Y(y)Z(z) \tag{9.3}$$

と表されると仮定すればうまく解けることが知られています[*1]。これは本書でもしばしば出てきた変数分離とよばれる方法です。これは、物理的には波動関数が x, y, z それぞれの方向の波 $X(x), Y(y), Z(z)$ に分離されることを意味します。

さて、それでは変数分離の仮定が今回の場合にうまくいくか調べてみましょう。このときシュレーディンガー方程式は

$$-\frac{\hbar^2}{2m}\left(\frac{\partial^2 X(x)Y(y)Z(z)}{\partial x^2} + \frac{\partial^2 X(x)Y(y)Z(z)}{\partial y^2} + \frac{\partial^2 X(x)Y(y)Z(z)}{\partial z^2}\right) = EX(x)Y(y)Z(z) \tag{9.4}$$

となります。両辺を $X(x)Y(y)Z(z)$ で割ると、

$$-\frac{\hbar^2}{2m}\left(\frac{\partial^2 X(x)}{\partial x^2}\frac{1}{X(x)} + \frac{\partial^2 Y(y)}{\partial y^2}\frac{1}{Y(y)} + \frac{\partial^2 Z(z)}{\partial z^2}\frac{1}{Z(z)}\right) = E \tag{9.5}$$

となります。この方程式は全ての立方体内部の領域1の x, y, z に対して成り立つので、方程式 (9.5) の各項が全て定数であることが必要です。そこで x, y, z の項の定数をそれぞれ E_x, E_y, E_z と置くと式 (9.5) は、

$$\begin{cases} -\dfrac{\hbar^2}{2m}\dfrac{\partial^2 X(x)}{\partial x^2}\dfrac{1}{X(x)} = E_x & \text{(9.6a)} \\[1em] -\dfrac{\hbar^2}{2m}\dfrac{\partial^2 Y(y)}{\partial y^2}\dfrac{1}{Y(y)} = E_y & \text{(9.6b)} \\[1em] -\dfrac{\hbar^2}{2m}\dfrac{\partial^2 Z(z)}{\partial z^2}\dfrac{1}{Z(z)} = E_z & \text{(9.6c)} \\[1em] E_x + E_y + E_z = E & \text{(9.6d)} \end{cases}$$

[*1] ただし、一般のポテンシャルの場合にはこのようにはならない。

となります。これを整理すると、

$$\begin{cases} -\dfrac{\hbar^2}{2m}\dfrac{\partial^2 X(x)}{\partial x^2} = E_x X(x) & \text{(9.7a)} \\[6pt] -\dfrac{\hbar^2}{2m}\dfrac{\partial^2 Y(y)}{\partial y^2} = E_y Y(y) & \text{(9.7b)} \\[6pt] -\dfrac{\hbar^2}{2m}\dfrac{\partial^2 Z(z)}{\partial z^2} = E_z Z(z) & \text{(9.7c)} \\[6pt] E_x + E_y + E_z = E & \text{(9.7d)} \end{cases}$$

とx, y, zそれぞれに関して第6章の1次元の無限に深い井戸型ポテンシャルのシュレーディンガー方程式と同じになりました。これで、変数分離がうまくいくことが確認されました。ここで境界条件も1次元の無限に深い井戸型ポテンシャルの場合と全く同じです。1次元の無限に深い井戸型ポテンシャルの解はすでに解いていますから、第6章の1次元の無限に深い井戸型ポテンシャルの解を使って$X(x)$、$Y(y)$、$Z(z)$ とE_x、E_y、E_zは、

$$\begin{cases} X(x) = A\sin\dfrac{n_x \pi x}{a} \quad n_x = 1, 2, \cdots & \text{(9.8a)} \\[6pt] Y(y) = A\sin\dfrac{n_y \pi y}{a} \quad n_y = 1, 2, \cdots & \text{(9.8b)} \\[6pt] Z(z) = A\sin\dfrac{n_z \pi z}{a} \quad n_z = 1, 2, \cdots & \text{(9.8c)} \\[6pt] E_x = \dfrac{\hbar^2 \pi^2}{2ma^2}n_x^2,\ E_y = \dfrac{\hbar^2 \pi^2}{2ma^2}n_y^2,\ E_z = \dfrac{\hbar^2 \pi^2}{2ma^2}n_z^2 & \text{(9.8d)} \end{cases}$$

となります。全エネルギーEは式 (9.7d) より単純に$E = E_x + E_y + E_z$なので、

$$E = \frac{\hbar^2 \pi^2}{2ma^2}(n_x^2 + n_y^2 + n_z^2) \tag{9.9}$$

となります。

❖ 縮退の例

さて、エネルギーの様子を詳しく調べてみましょう。

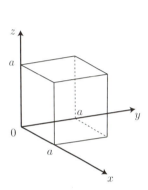
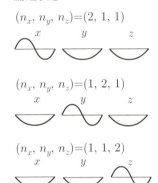

図9.2 3次元の無限に深い井戸型ポテンシャル問題における縮退
第一励起エネルギー状態は3重に縮退している。

一番エネルギーが低い基底状態は $(n_x, n_y, n_z) = (1,1,1)$ です。波動関数は $X(x)Y(y)Z(z) = A\sin\frac{\pi x}{a} \sin\frac{\pi y}{a} \sin\frac{\pi z}{a}$ になり、図のように x, y, z それぞれの方向に波ができています。エネルギーは $E = \frac{\hbar^2\pi^2}{2ma^2}(1^2 + 1^2 + 1^2) = 3\frac{\hbar^2\pi^2}{2ma^2}$ になります。

2番目にエネルギーが低い第一励起状態は例えば図の $(n_x, n_y, n_z) = (2, 1, 1)$ です。これは、x 方向に2倍振動しています。波動関数は $X(x)Y(y)Z(z) = A\sin\frac{2\pi x}{a} \sin\frac{\pi y}{a} \sin\frac{\pi z}{a}$ であり、エネルギーは $E = \frac{\hbar^2\pi^2}{2ma^2}(2^2 + 1^2 + 1^2) = 6\frac{\hbar^2\pi^2}{2ma^2}$ です。しかし、同じエネルギーを与える状態は図のようにほかにもあり、$(n_x, n_y, n_z) = (1, 1, 2), (1, 2, 1), (2, 1, 1)$ いずれの場合も同じエネルギー $E = 6\frac{\hbar^2\pi^2}{2ma^2}$ を与えます。つまり、2倍振動する波が、x 方向か y 方

向かz方向かの3通りあり、振動する方向が異なるだけなので同じエネルギーになるのです。第6章6.6節で説明したように同じエネルギーを与える複数の状態がある様子を、量子論では**縮退**といい、3つ同じ状態がある場合は**3重に縮退している**、もしくは**縮退度が3である**などといいます。

第6章6.6節では1次元のシュレーディンガー方程式の束縛状態では縮退はないことを学びました。しかしながら、3次元の場合は1次元と異なり、このように束縛状態でも縮退があることがわかりました。

練習問題 第二励起状態のエネルギー、波動関数を求めましょう。また、縮退度を求めましょう。

答え $(n_x, n_y, n_z)=(1,2,2),(2,1,2),(2,2,1)$ の3つの状態のとき、波動関数はそれぞれ $A\sin\frac{\pi x}{a}\sin\frac{2\pi y}{a}\sin\frac{2\pi z}{a}$, $A\sin\frac{2\pi x}{a}\sin\frac{\pi y}{a}\sin\frac{2\pi z}{a}$, $A\sin\frac{2\pi x}{a}\sin\frac{2\pi y}{a}\sin\frac{\pi z}{a}$ となり、エネルギーは $E=\frac{\hbar^2\pi^2}{2ma^2}(1^2+2^2+2^2)=\frac{\hbar^2\pi^2}{2ma^2}(2^2+1^2+2^2)=\frac{\hbar^2\pi^2}{2ma^2}(2^2+2^2+1^2)=9\frac{\hbar^2\pi^2}{2ma^2}$。3つの状態があるから3重に縮退している。

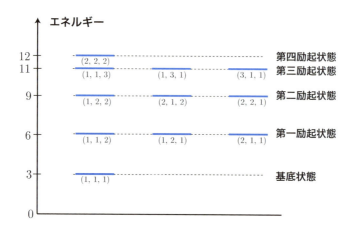

図9.3 **3次元の無限に深い井戸型ポテンシャル問題における縮退の例**
第一～第三励起状態が3重に縮退している。

同じようにして第二、第三励起状態も求めることができます。図9.3は基底状態から第四励起状態までの状態のエネルギーを図示したものです。

以上、本節では簡単な例を通じて3次元シュレーディンガー方程式の様子を調べました。この例から私達は

- 3次元シュレーディンガー方程式では変数分離を使って問題が簡単にできる場合があること（第9章、第10章で重要になります）
- 3次元シュレーディンガー方程式では束縛状態でも縮退がある場合があること（第10章で重要になります）

を学びました。

9.2 極座標のシュレーディンガー方程式が必要なわけ

前節では x, y, z で表された直交座標3次元シュレーディンガー方程式を調べました。それでは3次元のミクロな世界の具体例である原子や原子核も同じようにして調べられるのでしょうか？

3次元シュレーディンガー方程式は変数分離できると計算しやすいことを学びました。ここで原子における電子は、原子核が持つプラスの電荷由来のクーロンポテンシャルを感じますが、これは原子核からの距離 r の関数 $-\frac{e^2}{r}$ です。r は直交座標 x, y, z では表しにくく、残念ながら前節のように x, y, z で変数分離することは難しそうです。

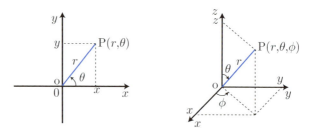

図9.4 平面（2次元）および空間（3次元）における極座標

しかし3次元の座標を表す方法はx, y, zだけではありません。高等学校などでは**極座標**という座標を学びます。例えば平面座標の場合、図9.4左図のように平面上の任意の点Pを表すのに、x, y座標で表す代わりに原点からの距離rと角度θで点Pを表すこともできます。

同じように図9.4右図の空間における、任意の点Pを表す場合、x, y, z座標で表す代わりに、原点からの距離rと2つの角度θ, ϕで点Pを表すこともできます。これらr、θ、ϕを**3次元の極座標**といいます。

原子や原子核などは中心からの距離、角度が重要になるので、xyz直交座標ではなくこの極座標がしばしば使われます[*2]。原子や原子核などではxyz直交座標ではなく、極座標r, θ, ϕで表されたシュレーディンガー方程式の様子を調べることが重要になるのです。

ここで、クーロンポテンシャルのようにポテンシャルがrのみの関数の場合はxyz直交座標でなく極座標r, θ, ϕを使うとr, θ, ϕ方向の波をそれぞれ$R(r), f(\theta), g(\phi)$として、波動関数φが$\varphi = R(r)f(\theta)g(\phi)$と変数分離できて簡単に扱えるかもしれないと期待するかもしれません。この期待は正しく、第9章、第10章でそのように変数分離ができることを紹介していきます。

[*2] さらにいえば本書では扱わないが、ある粒子に別の粒子をぶつけるときなども、ぶつけられる粒子からの距離、角度が重要になるので極座標がしばしば使われる（散乱問題）。

9.3 直交座標から極座標への変換

❖極座標と直交座標の関係

それでは極座標 r, θ, ϕ で表されたシュレーディンガー方程式を調べてみましょう。すでに xyz 直交座標で表されたシュレーディンガー方程式は知っているので、まずは xyz 直交座標と極座標 r, θ, ϕ の関係を調べてみましょう。

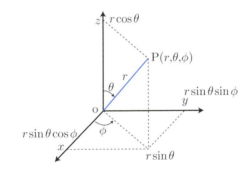

図9.5 極座標と直交座標の関係

まず図より xyz と $r\theta\phi$ の間に

$$\begin{cases} x = r \sin\theta \cos\phi & \text{(9.10a)} \\ y = r \sin\theta \sin\phi & \text{(9.10b)} \\ z = r \cos\theta & \text{(9.10c)} \end{cases}$$

および、

$$\begin{cases} r^2 = x^2 + y^2 + z^2 & \text{(9.11a)} \\ \tan\phi = \dfrac{y}{x} & \text{(9.11b)} \\ \cos\theta = \dfrac{z}{r} & \text{(9.11c)} \end{cases}$$

の関係があることがわかります。また図から、$0 \leq \theta \leq \pi$, $0 \leq \phi \leq 2\pi$ であることを確認しましょう。この関係式を使って以下、シュレーディンガー方程式を極座標で表していきます。

❖極座標で表されたラプラシアン

xyz直交座標で表されたシュレーディンガー方程式、

$$-\frac{\hbar^2}{2m}\left(\frac{\partial^2 \varphi}{\partial x^2} + \frac{\partial^2 \varphi}{\partial y^2} + \frac{\partial^2 \varphi}{\partial z^2}\right) + V\varphi = E\varphi \quad (9.12)$$

を極座標 r, θ, ϕ で表すためには、$\frac{\partial^2 \varphi}{\partial x^2} + \frac{\partial^2 \varphi}{\partial y^2} + \frac{\partial^2 \varphi}{\partial z^2}$ を極座標 r, θ, ϕ で表すことが必要になります。ここで特に $\frac{\partial^2 \varphi}{\partial x^2} + \frac{\partial^2 \varphi}{\partial y^2} + \frac{\partial^2 \varphi}{\partial z^2} = \left(\frac{\partial^2}{\partial x^2} + \frac{\partial^2}{\partial y^2} + \frac{\partial^2}{\partial z^2}\right)\varphi$ と書いたとき、

$$\frac{\partial^2}{\partial x^2} + \frac{\partial^2}{\partial y^2} + \frac{\partial^2}{\partial z^2} \quad (9.13)$$

を（直交座標で表された）**ラプラシアン**といいます。$\Delta = \frac{\partial^2}{\partial x^2} + \frac{\partial^2}{\partial y^2} + \frac{\partial^2}{\partial z^2}$ などと "Δ" でラプラシアンを表します。つまり、ラプラシアンを極座標 r, θ, ϕ で表すことが必要になります。ラプラシアンは2階微分ですから、まずは1階微分を求め、それから2階微分を求めましょう。

❖極座標で表された1階微分

微分の公式 $\frac{d\varphi}{dx} = \frac{d\varphi}{du}\frac{du}{dx}$ などを使うと、x, y, z の1階微分を極座標 r, θ, ϕ の1階微分で以下のように表すことができます。

$$\begin{cases} \dfrac{\partial \varphi}{\partial x} = \dfrac{\partial \varphi}{\partial r}\dfrac{\partial r}{\partial x} + \dfrac{\partial \varphi}{\partial \theta}\dfrac{\partial \theta}{\partial x} + \dfrac{\partial \varphi}{\partial \phi}\dfrac{\partial \phi}{\partial x} & (9.14\text{a}) \\[2mm] \dfrac{\partial \varphi}{\partial y} = \dfrac{\partial \varphi}{\partial r}\dfrac{\partial r}{\partial y} + \dfrac{\partial \varphi}{\partial \theta}\dfrac{\partial \theta}{\partial y} + \dfrac{\partial \varphi}{\partial \phi}\dfrac{\partial \phi}{\partial y} & (9.14\text{b}) \\[2mm] \dfrac{\partial \varphi}{\partial z} = \dfrac{\partial \varphi}{\partial r}\dfrac{\partial r}{\partial z} + \dfrac{\partial \varphi}{\partial \theta}\dfrac{\partial \theta}{\partial z} + \dfrac{\partial \varphi}{\partial \phi}\dfrac{\partial \phi}{\partial z} & (9.14\text{c}) \end{cases}$$

ここで $\frac{\partial r}{\partial x}$ など、極座標を xyz 直交座標で微分したものが出てきますが、これらは式 (9.10)(9.11) を使って計算すると、

$$\begin{cases} \dfrac{\partial r}{\partial x} = \sin\theta\cos\phi, & \dfrac{\partial \theta}{\partial x} = \dfrac{\cos\theta\cos\phi}{r}, & \dfrac{\partial \phi}{\partial x} = -\dfrac{1}{r}\dfrac{\sin\phi}{\sin\theta} & (9.15\text{a}) \\[6pt] \dfrac{\partial r}{\partial y} = \sin\theta\sin\phi, & \dfrac{\partial \theta}{\partial y} = \dfrac{\cos\theta\sin\phi}{r}, & \dfrac{\partial \phi}{\partial y} = \dfrac{1}{r}\dfrac{\cos\phi}{\sin\theta} & (9.15\text{b}) \\[6pt] \dfrac{\partial r}{\partial z} = \cos\theta, & \dfrac{\partial \theta}{\partial z} = -\dfrac{\sin\theta}{r}, & \dfrac{\partial \phi}{\partial z} = 0 & (9.15\text{c}) \end{cases}$$

と計算することができます。ただし、計算は冗長なので後述の参考にまとめました。これらを式 (9.14) に代入して x, y, z の1階微分を極座標の1階微分で表すと、

$$\begin{cases} \dfrac{\partial \varphi}{\partial x} = \sin\theta\cos\phi\dfrac{\partial \varphi}{\partial r} + \dfrac{1}{r}\cos\theta\cos\phi\dfrac{\partial \varphi}{\partial \theta} - \dfrac{1}{r}\dfrac{\sin\phi}{\sin\theta}\dfrac{\partial \varphi}{\partial \phi} & (9.16\text{a}) \\[6pt] \dfrac{\partial \varphi}{\partial y} = \sin\theta\sin\phi\dfrac{\partial \varphi}{\partial r} + \dfrac{1}{r}\cos\theta\sin\phi\dfrac{\partial \varphi}{\partial \theta} + \dfrac{1}{r}\dfrac{\cos\phi}{\sin\theta}\dfrac{\partial \varphi}{\partial \phi} & (9.16\text{b}) \\[6pt] \dfrac{\partial \varphi}{\partial z} = \cos\theta\dfrac{\partial \varphi}{\partial r} - \dfrac{1}{r}\sin\theta\dfrac{\partial \varphi}{\partial \theta} & (9.16\text{c}) \end{cases}$$

となります。

参考 式(9.15)の計算

全て適宜、式 (9.10)(9.11) を使います。

▶ $\frac{\partial r}{\partial x} = \sin\theta\cos\phi$ の計算

$r^2 = x^2 + y^2 + z^2$ を x で微分して $2r\frac{\partial r}{\partial x} = 2x$。よって $\frac{\partial r}{\partial x} = \frac{x}{r} = \sin\theta\cos\phi$。

▶ $\frac{\partial r}{\partial y} = \sin\theta\sin\phi$ の計算

$r^2 = x^2 + y^2 + z^2$ を y で微分して $2r\frac{\partial r}{\partial y} = 2y$。よって $\frac{\partial r}{\partial y} = \frac{y}{r} = \sin\theta\sin\phi$。

▶ $\frac{\partial r}{\partial z} = \cos\theta$ の計算

$r^2 = x^2 + y^2 + z^2$ を z で微分して $2r\frac{\partial r}{\partial z} = 2z$。よって $\frac{\partial r}{\partial z} = \frac{z}{r} = \cos\theta$。

▶ $\frac{\partial \theta}{\partial x} = \frac{\cos\theta\cos\phi}{r}$ の計算

$\cos\theta = \frac{z}{r}$ を x で微分して $-\sin\theta\frac{\partial\theta}{\partial x} = \frac{\partial(z/r)}{\partial r}\frac{\partial r}{\partial x} = -\frac{z}{r^2}\sin\theta\cos\phi$。よって $\frac{\partial\theta}{\partial x} = \frac{z\cos\phi}{r^2} = \frac{\cos\theta\cos\phi}{r}$。

▶ $\frac{\partial \theta}{\partial y} = \frac{\cos\theta\sin\phi}{r}$ の計算

$\cos\theta = \frac{z}{r}$ を y で微分して $-\sin\theta\frac{\partial\theta}{\partial y} = \frac{\partial(z/r)}{\partial r}\frac{\partial r}{\partial y} = -\frac{z}{r^2}\sin\theta\sin\phi$。よって $\frac{\partial\theta}{\partial y} = \frac{z\sin\phi}{r^2} = \frac{\cos\theta\sin\phi}{r}$。

▶ $\frac{\partial \theta}{\partial z} = -\frac{\sin\theta}{r}$ の計算

$\cos\theta = \frac{z}{r}$ を z で微分して $-\sin\theta\frac{\partial\theta}{\partial z} = \frac{\partial\left(\frac{z}{\sqrt{x^2+y^2+z^2}}\right)}{\partial z} = \frac{r - z\frac{1}{2r}2z}{r^2} = \frac{r^2 - z^2}{r^3} = \frac{\sin^2\theta}{r}$。ここで図9.5より $r^2 - z^2 = x^2 + y^2 = r^2\sin^2\theta$ であることを使っている。よって $\frac{\partial\theta}{\partial z} = -\frac{\sin\theta}{r}$。

▶ $\frac{\partial \phi}{\partial x} = -\frac{1}{r}\frac{\sin\phi}{\sin\theta}$ の計算

$\tan\phi = \frac{y}{x}$ を x で微分して $\frac{1}{\cos^2\phi}\frac{\partial\phi}{\partial x} = -\frac{y}{x^2}$。よって $\frac{\partial\phi}{\partial x} = -\frac{y}{x^2}\cos^2\phi = -\frac{r\sin\theta\sin\phi}{r^2\sin^2\theta\cos^2\phi}\cos^2\phi = -\frac{1}{r}\frac{\sin\phi}{\sin\theta}$。

▶ $\frac{\partial \phi}{\partial y} = \frac{1}{r}\frac{\cos\phi}{\sin\theta}$ の計算

$\tan\phi = \frac{y}{x}$ を y で微分して $\frac{1}{\cos^2\phi}\frac{\partial\phi}{\partial y} = \frac{1}{x}$。よって $\frac{\partial\phi}{\partial y} = \frac{1}{x}\cos^2\phi = \frac{1}{r\sin\theta\cos\phi}\cos^2\phi = \frac{1}{r}\frac{\cos\phi}{\sin\theta}$。

▶ $\frac{\partial \phi}{\partial z} = 0$ の計算

$\tan\phi = \frac{y}{x}$ を z で微分して $\frac{1}{\cos^2\phi}\frac{\partial\phi}{\partial z} = 0$。よって $\frac{\partial\phi}{\partial z} = 0$。

9.4 極座標シュレーディンガー方程式とs波の場合の動径方向シュレーディンガー方程式

❖ 極座標シュレーディンガー方程式

さて、先ほど求めた x, y, z の1階微分を極座標で表した式 (9.16) をもう一度微分すれば2階微分のラプラシアンが求まります。この計算はたいへん地道な計算が必要なので、後述の参考にまとめてあります。後述の参考の結果を使うと最終的に極座標のラプラシアンに φ をかけた $\Delta\varphi$ は、

$$\Delta\varphi = \frac{\partial^2 \varphi}{\partial x^2} + \frac{\partial^2 \varphi}{\partial y^2} + \frac{\partial^2 \varphi}{\partial z^2} = \frac{\partial^2 \varphi}{\partial r^2} + \frac{2}{r}\frac{\partial \varphi}{\partial r} + \frac{1}{r^2}\left(\frac{1}{\sin\theta}\frac{\partial}{\partial \theta}(\sin\theta \frac{\partial \varphi}{\partial \theta}) + \frac{1}{\sin^2\theta}\frac{\partial^2 \varphi}{\partial \phi^2}\right) \tag{9.17}$$

となります。この極座標で表されたラプラシアンに φ をかけた式を使って、シュレーディンガー方程式、

$$-\frac{\hbar^2}{2m}\left(\frac{\partial^2 \varphi}{\partial x^2} + \frac{\partial^2 \varphi}{\partial y^2} + \frac{\partial^2 \varphi}{\partial z^2}\right) + V(r)\varphi = E\varphi \tag{9.18}$$

は極座標で表すと、

$$-\frac{\hbar^2}{2m}\left[\frac{d^2\varphi}{dr^2} + \frac{2}{r}\frac{d\varphi}{dr} + \frac{1}{r^2}\left(\frac{1}{\sin\theta}\frac{\partial}{\partial \theta}(\sin\theta\frac{\partial \varphi}{\partial \theta}) + \frac{1}{\sin^2\theta}\frac{\partial^2 \varphi}{\partial \phi^2}\right)\right] + V(r,\theta,\phi)\varphi = E\varphi \tag{9.19}$$

となります。

参考 具体的なラプラシアンの計算

$\frac{\partial^2 \varphi}{\partial x^2}$ は、

$$\frac{\partial^2 \varphi}{\partial x^2} = \frac{\partial}{\partial x}\frac{\partial \varphi}{\partial x}$$

$$= \frac{\partial \frac{\partial \varphi}{\partial x}}{\partial r}\frac{\partial r}{\partial x} + \frac{\partial \frac{\partial \varphi}{\partial x}}{\partial \theta}\frac{\partial \theta}{\partial x} + \frac{\partial \frac{\partial \varphi}{\partial x}}{\partial \phi}\frac{\partial \phi}{\partial x}$$

$$= \frac{\partial(\sin\theta\cos\phi\frac{\partial \varphi}{\partial r} + \frac{1}{r}\cos\theta\cos\phi\frac{\partial \varphi}{\partial \theta} - \frac{1}{r}\frac{\sin\phi}{\sin\theta}\frac{\partial \varphi}{\partial \phi})}{\partial r}\sin\theta\cos\phi$$

$$+ \frac{\partial(\sin\theta\cos\phi\frac{\partial \varphi}{\partial r} + \frac{1}{r}\cos\theta\cos\phi\frac{\partial \varphi}{\partial \theta} - \frac{1}{r}\frac{\sin\phi}{\sin\theta}\frac{\partial \varphi}{\partial \phi})}{\partial \theta}\frac{\cos\theta\cos\phi}{r}$$

$$- \frac{\partial(\sin\theta\cos\phi\frac{\partial \varphi}{\partial r} + \frac{1}{r}\cos\theta\cos\phi\frac{\partial \varphi}{\partial \theta} - \frac{1}{r}\frac{\sin\phi}{\sin\theta}\frac{\partial \varphi}{\partial \phi})}{\partial \phi}\frac{\sin\phi}{r\sin\theta}$$

$$= \left[\sin\theta\cos\phi\frac{\partial^2 \varphi}{\partial r^2} + \cos\theta\cos\phi\left(-\frac{1}{r^2}\frac{\partial \varphi}{\partial \theta} + \frac{1}{r}\frac{\partial^2 \varphi}{\partial \theta \partial r}\right)\right.$$

$$\left. - \frac{\sin\phi}{\sin\theta}\left(-\frac{1}{r^2}\frac{\partial \varphi}{\partial \phi} + \frac{1}{r}\frac{\partial^2 \varphi}{\partial \phi \partial r}\right)\right]\sin\theta\cos\phi$$

$$+ \left[\cos\phi\left(\cos\theta\frac{\partial \varphi}{\partial r} + \sin\theta\frac{\partial^2 \varphi}{\partial r \partial \theta}\right) + \frac{1}{r}\cos\phi\left(-\sin\theta\frac{\partial \varphi}{\partial \theta} + \cos\theta\frac{\partial^2 \varphi}{\partial^2 \theta}\right)\right.$$

$$\left. - \frac{1}{r}\sin\phi\left(-\frac{\cos\theta}{\sin^2\theta}\frac{\partial \varphi}{\partial \phi} + \frac{1}{\sin\theta}\frac{\partial^2 \varphi}{\partial \phi \partial \theta}\right)\right]\frac{\cos\theta\cos\phi}{r}$$

$$+ \left[-\sin\theta\left(-\sin\phi\frac{\partial \varphi}{\partial r} + \cos\phi\frac{\partial^2 \varphi}{\partial r \partial \phi}\right) - \frac{1}{r}\cos\theta\left(-\sin\phi\frac{\partial \varphi}{\partial \theta} + \cos\phi\frac{\partial^2 \varphi}{\partial \theta \partial \phi}\right)\right.$$

$$\left. + \frac{1}{r}\frac{1}{\sin\theta}\left(\cos\phi\frac{\partial \varphi}{\partial \phi} + \sin\phi\frac{\partial^2 \varphi}{\partial \phi^2}\right)\right]\frac{\sin\phi}{r\sin\theta}$$

$$= \sin^2\theta\cos^2\phi\frac{\partial^2 \varphi}{\partial r^2} + (\cos^2\theta\cos^2\phi + \sin^2\phi)\frac{1}{r}\frac{\partial \varphi}{\partial r}$$

$$+ \frac{1}{r^2}\left[\left(-2\cos\theta\sin\theta\cos^2\phi + \frac{\cos\theta}{\sin\theta}\sin^2\phi\right)\frac{\partial \varphi}{\partial \theta} + \cos^2\theta\cos^2\phi\frac{\partial^2 \varphi}{\partial \theta^2}\right.$$

$$\left. + \left(\sin\phi\cos\phi + \frac{\sin\phi\cos\phi\cos^2\theta}{\sin^2\theta} + \frac{\cos\phi\sin\phi}{\sin^2\theta}\right)\frac{\partial \varphi}{\partial \phi} + \frac{\sin^2\phi}{\sin^2\theta}\frac{\partial^2 \varphi}{\partial \phi^2}\right]$$

$$+ \frac{2}{r}\left[\cos\theta\sin\theta\cos^2\phi\frac{\partial^2 \varphi}{\partial r \partial \theta} - \sin\phi\cos\phi\frac{\partial^2 \varphi}{\partial r \partial \phi} - \frac{1}{r}\frac{\cos\theta}{\sin\theta}\sin\phi\cos\phi\frac{\partial^2 \varphi}{\partial \theta \partial \phi}\right]$$

(9.20)

となります。同様にして $\frac{\partial^2 \varphi}{\partial y^2}$ は、

$$
\begin{aligned}
\frac{\partial^2 \varphi}{\partial y^2} &= \frac{\partial}{\partial y}\frac{\partial \varphi}{\partial y} \\
&= \frac{\partial \frac{\partial \varphi}{\partial y}}{\partial r}\frac{\partial r}{\partial y} + \frac{\partial \frac{\partial \varphi}{\partial y}}{\partial \theta}\frac{\partial \theta}{\partial y} + \frac{\partial \frac{\partial \varphi}{\partial y}}{\partial \phi}\frac{\partial \phi}{\partial y} \\
&= \frac{\partial\left(\sin\theta\sin\phi\frac{\partial\varphi}{\partial r} + \frac{1}{r}\cos\theta\sin\phi\frac{\partial\varphi}{\partial\theta} + \frac{1}{r}\frac{\cos\phi}{\sin\theta}\frac{\partial\varphi}{\partial\phi}\right)}{\partial r}\sin\theta\sin\phi \\
&\quad + \frac{\partial\left(\sin\theta\sin\phi\frac{\partial\varphi}{\partial r} + \frac{1}{r}\cos\theta\sin\phi\frac{\partial\varphi}{\partial\theta} + \frac{1}{r}\frac{\cos\phi}{\sin\theta}\frac{\partial\varphi}{\partial\phi}\right)}{\partial\theta}\frac{\cos\theta\sin\phi}{r} \\
&\quad + \frac{\partial\left(\sin\theta\sin\phi\frac{\partial\varphi}{\partial r} + \frac{1}{r}\cos\theta\sin\phi\frac{\partial\varphi}{\partial\theta} + \frac{1}{r}\frac{\cos\phi}{\sin\theta}\frac{\partial\varphi}{\partial\phi}\right)}{\partial\phi}\frac{\cos\phi}{r\sin\theta} \\
&= \left[\sin\theta\sin\phi\frac{\partial^2\varphi}{\partial r^2} + \cos\theta\sin\phi\left(-\frac{1}{r^2}\frac{\partial\varphi}{\partial\theta} + \frac{1}{r}\frac{\partial^2\varphi}{\partial\theta\partial r}\right)\right.\\
&\quad \left. + \frac{\cos\phi}{\sin\theta}\left(-\frac{1}{r^2}\frac{\partial\varphi}{\partial\phi} + \frac{1}{r}\frac{\partial^2\varphi}{\partial\phi\partial r}\right)\right]\sin\theta\sin\phi \\
&\quad + \left[\sin\phi\left(\cos\theta\frac{\partial\varphi}{\partial r} + \sin\theta\frac{\partial^2\varphi}{\partial r\partial\theta}\right) + \frac{1}{r}\sin\phi\left(-\sin\theta\frac{\partial\varphi}{\partial\theta} + \cos\theta\frac{\partial^2\varphi}{\partial\theta^2}\right)\right.\\
&\quad \left. + \frac{1}{r}\cos\phi\left(-\frac{\cos\theta}{\sin^2\theta}\frac{\partial\varphi}{\partial\phi} + \frac{1}{\sin\theta}\frac{\partial^2\varphi}{\partial\phi\partial\theta}\right)\right]\frac{\cos\theta\sin\phi}{r} \\
&\quad + \left[\sin\theta\left(\cos\phi\frac{\partial\varphi}{\partial r} + \sin\phi\frac{\partial^2\varphi}{\partial r\partial\phi}\right) + \frac{1}{r}\cos\theta\left(\cos\phi\frac{\partial\varphi}{\partial\theta} + \sin\phi\frac{\partial^2\varphi}{\partial\theta\partial\phi}\right)\right.\\
&\quad \left. + \frac{1}{r}\frac{1}{\sin\theta}\left(-\sin\phi\frac{\partial\varphi}{\partial\phi} + \cos\phi\frac{\partial^2\varphi}{\partial\phi^2}\right)\right]\frac{\cos\phi}{r\sin\theta} \\
&= \sin^2\theta\sin^2\phi\frac{\partial^2\varphi}{\partial r^2} + (\cos^2\theta\sin^2\phi + \cos^2\phi)\frac{1}{r}\frac{\partial\varphi}{\partial r} \\
&\quad + \frac{1}{r^2}\left[\left(-2\cos\theta\sin\theta\sin^2\phi + \frac{\cos\theta}{\sin\theta}\cos^2\phi\right)\frac{\partial\varphi}{\partial\theta} + \cos^2\theta\sin^2\phi\frac{\partial^2\varphi}{\partial\theta^2}\right.\\
&\quad \left. - \left(\cos\phi\sin\phi + \frac{\cos\phi\sin\phi\cos^2\theta}{\sin^2\theta} + \frac{\sin\phi\cos\phi}{\sin^2\theta}\right)\frac{\partial\varphi}{\partial\phi} + \frac{\cos^2\phi}{\sin^2\theta}\frac{\partial^2\varphi}{\partial\phi^2}\right] \\
&\quad + \frac{2}{r}\left[\cos\theta\sin\theta\sin^2\phi\frac{\partial^2\varphi}{\partial r\partial\theta} + \sin\phi\cos\phi\frac{\partial^2\varphi}{\partial r\partial\phi} + \frac{1}{r}\frac{\cos\theta}{\sin\theta}\sin\phi\cos\phi\frac{\partial^2\varphi}{\partial\theta\partial\phi}\right]
\end{aligned}
$$

(9.21)

となります。同様にして $\frac{\partial^2\varphi}{\partial z^2}$ は、

$$\begin{aligned}
\frac{\partial^2 \varphi}{\partial z^2} &= \frac{\partial}{\partial z}\frac{\partial \varphi}{\partial z}\\
&= \frac{\partial \frac{\partial \varphi}{\partial z}}{\partial r}\frac{\partial r}{\partial z} + \frac{\partial \frac{\partial \varphi}{\partial z}}{\partial \theta}\frac{\partial \theta}{\partial z} + \frac{\partial \frac{\partial \varphi}{\partial z}}{\partial \phi}\frac{\partial \phi}{\partial z}\\
&= \frac{\partial (\cos\theta \frac{\partial \varphi}{\partial r} - \frac{1}{r}\sin\theta \frac{\partial \varphi}{\partial \theta})}{\partial r}\cos\theta - \frac{\partial (\cos\theta \frac{\partial \varphi}{\partial r} - \frac{1}{r}\sin\theta \frac{\partial \varphi}{\partial \theta})}{\partial \theta}\frac{\sin\theta}{r}\\
&= \left[\cos\theta \frac{\partial^2 \varphi}{\partial r^2} - \sin\theta\left(-\frac{1}{r^2}\frac{\partial \varphi}{\partial \theta} + \frac{1}{r}\frac{\partial^2 \varphi}{\partial \theta \partial r}\right)\right]\cos\theta\\
&\quad + \left[\left(\sin\theta \frac{\partial \varphi}{\partial r} - \cos\theta \frac{\partial^2 \varphi}{\partial r \partial \theta}\right) + \frac{1}{r}\left(\cos\theta \frac{\partial \varphi}{\partial \theta} + \sin\theta \frac{\partial^2 \varphi}{\partial \theta^2}\right)\right]\frac{\sin\theta}{r}\\
&= \cos^2\theta \frac{\partial^2 \varphi}{\partial r^2} + \sin^2\theta \frac{1}{r}\frac{\partial \varphi}{\partial r} + \frac{1}{r^2}\left[2\sin\theta\cos\theta \frac{\partial \varphi}{\partial \theta} + \sin^2\theta \frac{\partial^2 \varphi}{\partial \theta^2}\right] - \frac{2}{r}\cos\theta\sin\theta \frac{\partial^2 \varphi}{\partial r \partial \theta}
\end{aligned}$$
(9.22)

となります。これで直交座標 x, y, z 座標での 2 階微分を極座標 r, θ, ϕ で表すことができたので、直交座標で表されたラプラシアンに φ をかけた式を極座標で表すと、式 (9.20)、(9.21)、(9.22) を使い、微分の項ごとにまとめていくと、以下のようになります。

$$\begin{aligned}
&\frac{\partial^2 \varphi}{\partial x^2} + \frac{\partial^2 \varphi}{\partial y^2} + \frac{\partial^2 \varphi}{\partial z^2}\\
&= \left(\sin^2\theta\cos^2\phi + \sin^2\theta\sin^2\phi + \cos^2\theta\right)\frac{\partial^2 \varphi}{\partial r^2}\\
&\quad + \left(\cos^2\theta\cos^2\phi + \sin^2\phi + \cos^2\theta\sin^2\phi + \cos^2\phi + \sin^2\theta\right)\frac{1}{r}\frac{\partial \varphi}{\partial r}\\
&\quad + \Big(\sin\phi\cos\phi + \frac{\sin\phi\cos\phi\cos^2\theta}{\sin^2\theta} + \frac{\cos\phi\sin\phi}{\sin^2\theta}\\
&\qquad - \sin\phi\cos\phi - \frac{\sin\phi\cos\phi\cos^2\theta}{\sin^2\theta} - \frac{\cos\phi\sin\phi}{\sin^2\theta}\Big)\frac{1}{r^2}\frac{\partial \varphi}{\partial \phi}\\
&\quad + \left(\frac{\sin^2\phi}{\sin^2\theta} + \frac{\cos^2\phi}{\sin^2\theta}\right)\frac{1}{r^2}\frac{\partial^2 \varphi}{\partial \phi^2}\\
&\quad + \Big(-2\cos\theta\sin\theta\cos^2\phi + \frac{\cos\theta}{\sin\theta}\sin^2\phi\\
&\qquad -2\cos\theta\sin\theta\sin^2\phi + \frac{\cos\theta}{\sin\theta}\cos^2\phi + 2\sin\theta\cos\theta\Big)\frac{1}{r^2}\frac{\partial \varphi}{\partial \theta}\\
&\quad + \left(\cos^2\theta\cos^2\phi + \cos^2\theta\sin^2\phi + \sin^2\theta\right)\frac{1}{r^2}\frac{\partial^2 \varphi}{\partial \theta^2}\\
&\quad + \frac{2}{r}\Big[\left(\cos\theta\sin\theta\cos^2\phi + \cos\theta\sin\theta\sin^2\phi - \cos\theta\sin\theta\right)\frac{\partial^2 \varphi}{\partial r \partial \theta}\\
&\qquad + \left(-\sin\phi\cos\phi + \sin\phi\cos\phi\right)\frac{\partial^2 \varphi}{\partial r \partial \phi} + \left(-\frac{1}{r}\frac{\cos\theta}{\sin\theta}\sin\phi\cos\phi + \frac{1}{r}\frac{\cos\theta}{\sin\theta}\sin\phi\cos\phi\right)\frac{\partial^2 \varphi}{\partial \theta \partial \phi}\Big]\\
&= \frac{\partial^2 \varphi}{\partial r^2} + \frac{2}{r}\frac{\partial \varphi}{\partial r} + \frac{1}{r^2}\left(\frac{\cos\theta}{\sin\theta}\frac{\partial \varphi}{\partial \theta} + \frac{\partial^2 \varphi}{\partial \theta^2} + \frac{1}{\sin^2\theta}\frac{\partial^2 \varphi}{\partial \phi^2}\right)
\end{aligned}$$
(9.23)

つまり、極座標で表されたラプラシアンにφをかけた式$\Delta\varphi$は、

$$\Delta\varphi = \frac{\partial^2\varphi}{\partial x^2} + \frac{\partial^2\varphi}{\partial y^2} + \frac{\partial^2\varphi}{\partial z^2} = \frac{\partial^2\varphi}{\partial r^2} + \frac{2}{r}\frac{\partial\varphi}{\partial r} + \frac{1}{r^2}\left(\frac{\cos\theta}{\sin\theta}\frac{\partial\varphi}{\partial\theta} + \frac{\partial^2\varphi}{\partial\theta^2} + \frac{1}{\sin^2\theta}\frac{\partial^2\varphi}{\partial\phi^2}\right) \tag{9.24}$$

となります。また、

$$\frac{1}{\sin\theta}\frac{\partial}{\partial\theta}\left(\sin\theta\frac{\partial\varphi}{\partial\theta}\right) = \frac{1}{\sin\theta}\left(\cos\theta\frac{\partial\varphi}{\partial\theta} + \sin\theta\frac{\partial^2\varphi}{\partial\theta^2}\right)$$

$$= \frac{\cos\theta}{\sin\theta}\frac{\partial\varphi}{\partial\theta} + \frac{\partial^2\varphi}{\partial\theta^2} \tag{9.25}$$

なので、極座標で表されたラプラシアンφにをかけた$\Delta\varphi$を、

$$\frac{\partial^2\varphi}{\partial x^2} + \frac{\partial^2\varphi}{\partial y^2} + \frac{\partial^2\varphi}{\partial z^2} = \frac{\partial^2\varphi}{\partial r^2} + \frac{2}{r}\frac{\partial\varphi}{\partial r} + \frac{1}{r^2}\left(\frac{1}{\sin\theta}\frac{\partial}{\partial\theta}\left(\sin\theta\frac{\partial\varphi}{\partial\theta}\right) + \frac{1}{\sin^2\theta}\frac{\partial^2\varphi}{\partial\phi^2}\right) \tag{9.26}$$

と書くこともあります。これで式 (9.17) が得られました。

❖ 球対称ポテンシャルにおける極座標シュレーディンガー方程式の変数分離

この極座標で表されたシュレーディンガー方程式は一般には解くことは困難です。しかし、第5章で見たように原子、原子核などさまざまな場合において、ポテンシャルは角度依存性がなく、**球対称**$V(r)$でした。実はポテンシャルが球対称$V(r)$ならば、本書で何度も出てきた変数分離法によって簡単になることが知られています。そこで、本書ではポテンシャルは球対称$V(r)$である場合のみを考えましょう。

極座標シュレーディンガー方程式でポテンシャルを球対称$V(r)$と置いた式、

$$-\frac{\hbar^2}{2m}\left[\frac{d^2\varphi}{dr^2} + \frac{2}{r}\frac{d\varphi}{dr} + \frac{1}{r^2}\left(\frac{1}{\sin\theta}\frac{\partial}{\partial\theta}\left(\sin\theta\frac{\partial\varphi}{\partial\theta}\right) + \frac{1}{\sin^2\theta}\frac{\partial^2\varphi}{\partial\phi^2}\right)\right] + V(r)\varphi = E\varphi \tag{9.27}$$

において、波動関数を動径方向 $R(r)$ と角度方向 $f(\theta, \phi)$ に変数分離し、

$$\varphi = R(r) f(\theta, \phi) \tag{9.28}$$

と書けると仮定します。式 (9.28) を式 (9.27) に代入したあと、両辺に $\frac{2mr^2}{\hbar^2}$ をかけます。そして左辺をなるべく r の関数、右辺をなるべく θ, ϕ の関数にまとめます。すると、

$$-r^2 \left[\frac{d^2}{dr^2} + \frac{2}{r}\frac{d}{dr} + \frac{2m}{\hbar^2}(V(r) - E) \right] R(r) f(\theta, \phi) = \left(\frac{1}{\sin\theta}\frac{\partial}{\partial\theta}(\sin\theta \frac{\partial}{\partial\theta}) + \frac{1}{\sin^2\theta}\frac{\partial^2}{\partial\phi^2} \right) R(r) f(\theta, \phi) \tag{9.29}$$

となります。ただし波動関数については、まだ両辺に r の関数と θ, ϕ の関数があります。ここで両辺を $R(r)f(\theta, \phi)$ で割ると、次のように左辺を r の関数、右辺を θ, ϕ の関数にまとめることができます。

$$-\frac{r^2}{R(r)} \left[\frac{d^2}{dr^2} + \frac{2}{r}\frac{d}{dr} + \frac{2m}{\hbar^2}(V(r) - E) \right] R(r) = \frac{1}{f(\theta, \phi)} \left(\frac{1}{\sin\theta}\frac{\partial}{\partial\theta}(\sin\theta \frac{\partial}{\partial\theta}) + \frac{1}{\sin^2\theta}\frac{\partial^2}{\partial\phi^2} \right) f(\theta, \phi) \tag{9.30}$$

さて、物理の問題ではしばしば球対称などの対称性を仮定すると問題が簡単になることがあります。そこでここでも波動関数も球対称 $\varphi(r, \theta, \phi) = R(r)$ であると仮定して調べてみましょう。球対称な波をs波といいます。s波の名前の意味は第10章で紹介します。波動関数が $\varphi(r, \theta, \phi) = R(r)f(\theta, \phi) = R(r)$ と球対称であることは、角度依存性の波 $f(\theta, \phi)$ に角度依存性がない、つまり、

$$f(\theta, \phi) = 定数 \tag{9.31}$$

であることを意味します。$f(\theta, \phi) = $ 定数を式 (9.30) に代入すると、定数を微分すると 0 になることから、式 (9.30) の右辺は、

$$\frac{1}{定数} \left(\frac{1}{\sin\theta}\frac{\partial}{\partial\theta}(\sin\theta \frac{\partial 定数}{\partial\theta}) + \frac{1}{\sin^2\theta}\frac{\partial^2 定数}{\partial\phi^2} \right) = 0 \tag{9.32}$$

となります。つまり、式 (9.30) の右辺は 0 になります。よって式 (9.30) は、

$$-\frac{r^2}{R(r)}\left[\frac{d^2}{dr^2}+\frac{2}{r}\frac{d}{dr}+\frac{2m}{\hbar^2}(V(r)-E)\right]R(r)=0 \qquad (9.33)$$

となります。両辺に $\frac{\hbar^2}{2mr^2}R(r)$ をかけて整理すると、

$$-\frac{\hbar^2}{2m}\left[\frac{d^2}{dr^2}+\frac{2}{r}\frac{d}{dr}\right]R(r)+V(r)R(r)=ER(r) \qquad (9.34)$$

となります。**式（9.34）は動径 r 方向の波動関数 $R(r)$ を決める方程式で、動径方向のシュレーディンガー方程式（s波）といいます。**さて、この動径方向のシュレーディンガー方程式（s波）は

$$u(r)=rR(r) \qquad (9.35)$$

とおくと、以下のようにさらに見やすくなることが知られています。積の微分法 $(fg)'=f'g+fg'$ などを使うと、

$$\frac{dR(r)}{dr}=\frac{d(ur^{-1})}{dr}=\frac{du}{dr}r^{-1}-ur^{-2} \qquad (9.36)$$

$$\frac{d^2R(r)}{dr^2}=\frac{d\left(\frac{du}{dr}r^{-1}-ur^{-2}\right)}{dr}=\frac{d^2u}{dr^2}r^{-1}-2\frac{du}{dr}r^{-2}+2ur^{-3} \qquad (9.37)$$

ゆえ、

$$\begin{aligned}\frac{d^2R(r)}{dr^2}+\frac{2}{r}\frac{dR(r)}{dr}&=\left(\frac{d^2u}{dr^2}r^{-1}-2\frac{du}{dr}r^{-2}+2ur^{-3}\right)+2r^{-1}\left(\frac{du}{dr}r^{-1}-ur^{-2}\right)\\&=\frac{d^2u}{dr^2}r^{-1}-2\frac{du}{dr}r^{-2}+2ur^{-3}+2\frac{du}{dr}r^{-2}-2ur^{-3}\\&=\frac{d^2u}{dr^2}\frac{1}{r} \qquad (9.38)\end{aligned}$$

と簡単になるので、動径方向のシュレーディンガー方程式(s波)(9.34)は、

$$-\frac{\hbar^2}{2m}\frac{d^2u}{dr^2}\frac{1}{r}+V(r)\frac{u}{r}=E\frac{u}{r} \qquad (9.39)$$

となりますが、これに両辺にrをかけると、

$$-\frac{\hbar^2}{2m}\frac{d^2u}{dr^2} + V(r)u = Eu \qquad (9.40)$$

とさらに見やすくなります。この方程式（9.40）を見ると、**動径波動関数$R(r)$に対して$u = rR(r)$が1次元のシュレーディンガー方程式と見かけ上同じ形になっていることがわかります**。以上をまとめると次のようになります。

動径方向のシュレーディンガー方程式（s波）

ポテンシャルが球対称$V(r)$で波動関数が角度依存性がなく球対称$R(r)$（s波）とすると、動径(r)方向のシュレーディンガー方程式はrのみの方程式で表され、

$$-\frac{\hbar^2}{2m}\left(\frac{d^2R(r)}{dr^2} + \frac{2}{r}\frac{dR(r)}{dr}\right) + V(r)R(r) = ER(r) \qquad (9.41)$$

となります。さらに$u(r) = rR(r)$と置くと、$u(r)$が満たすシュレーディンガー方程式は、

$$-\frac{\hbar^2}{2m}\frac{d^2u(r)}{dr^2} + V(r)u(r) = Eu(r) \qquad (9.42)$$

と1次元シュレーディンガー方程式と同じ形になります。

このようにして、私達が1次元シュレーディンガー方程式で学んだことは、角度依存性がないs波の場合、同じように3次元の場合も使えることがわかりました。

9.5 球対称な無限に深い井戸型ポテンシャルの場合

ここでは動径方向のシュレーディンガー方程式（s波）の場合について、具体的に例題を解いて身につけていきましょう。簡単に解ける例は、1次元の所で出てきた無限に深い井戸型ポテンシャルです。

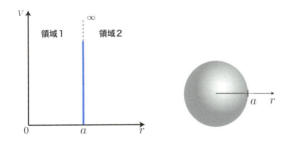

図9.6 球対称な無限に深い井戸型ポテンシャル

今、図の球対称なポテンシャル、

$$V(r) = \begin{cases} 0 \ (0 < r < a) & \text{領域1} \\ \infty \ (r > a) & \text{領域2} \end{cases} \quad (9.43)$$

を考えます。これは、図のように半径aの球に完全に閉じ込められた状況を考えると良いでしょう。$u(r) = rR(r)$ とすると、領域1における動径方向のシュレーディンガー方程式（s波）は、

$$-\frac{\hbar^2}{2m}\frac{d^2}{dr^2}u(r) = Eu(r) \quad (9.44)$$

となります。一方、境界条件を調べると、$r=0$では$u(0)=0 \cdot R(0)=0$であり、かつ領域2でポテンシャルが無限大なので、$r=a$で$u(a)=0$になり

ます。

ここでシュレーディンガー方程式（9.44）と境界条件 $u(0) = u(a) = 0$ は、第6章で解いた $0 < x < a$ に閉じ込められた無限に深い井戸型ポテンシャルのシュレーディンガー方程式（6.3）と境界条件の式（6.9）と全く同じです。よって方程式（9.44）の解は本書6章ですでに解いた解を使って、

$$\begin{cases} E_n = \dfrac{\hbar^2 \pi^2}{2ma^2} n^2 & \text{(9.45a)} \\ u_n(r) = A \sin \dfrac{n\pi r}{a} & \text{(9.45b)} \end{cases} \quad (n = 1, 2, 3, \cdots)$$

となります。図9.7左図には $u_n(r)$ の図（$n = 1, 2, 3$）が描かれています。$n = 1, 2, 3$ に応じて腹の数が1, 2, 3となっています。このとき、1つのエネルギーに対して1つの波動関数が対応しているので、1次元の束縛状態と同じく縮退はありません。$u_n(r)$ を使うと動径波動関数 $R(r)$ は、

$$R_n(r) = \frac{u_n(r)}{r} = A \frac{\sin \frac{n\pi r}{a}}{r} \quad (n = 1, 2, 3, \cdots) \tag{9.46}$$

となります。以上を図示したものが図9.7の真ん中と左の図です。

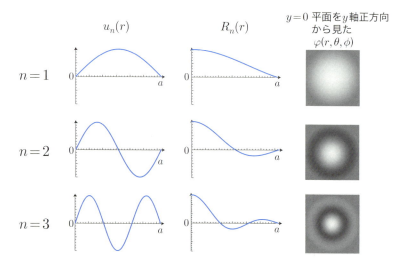

図9.7 $u_n(r)$、$R_n(r)$ 並びに波動関数 $\varphi(r, \theta, \phi)$ について $y = 0$ 平面を y 軸正方向から見た図

$R_n(r)$ は $u_n(r)$ を r で割っているだけなので、節の位置と腹の数は変わりません。図9.7から $R_n(r)$ は $u_n(r)$ が節の位置が同じであること、$n = 1, 2, 3$ に応じて腹の数が $1, 2, 3$ となっていることを確認しましょう。ここで、動径波動関数 $R_n(r)$ の $r = 0$ 付近の様子を調べてみましょう。すると、$\sin x$ は $x = 0$ 付近で $\sin x \approx x$ と近似できることが知られているので、$r = 0$ 付近で動径波動関数 $R_n(r)$ は

$$R_n(r) = A\frac{\sin \frac{n\pi r}{a}}{r} \approx A\frac{n\pi r}{ar} = \frac{An\pi}{a} \tag{9.47}$$

となり、ゼロにはならないことがわかります。図9.7の真ん中の図から $r = 0$ 付近で $R_n(r)$ がゼロになっていないことを確認しましょう。

次に波動関数 $\varphi(r, \theta, \phi)$ を見てみましょう。波動関数は角度依存性がない場合を考えているため、波動関数は $\varphi(r, \theta, \phi) = R_n(r)$ のように $R_n(r)$ のみで表されます。

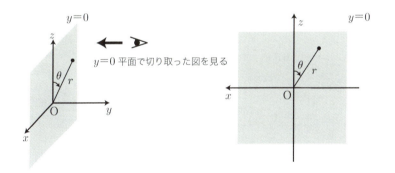

図9.8 3次元を $y=0$ 平面で切り取った図。r は原点からの距離、θ は z 軸正方向からの角度

ただし3次元では見にくいので、波動関数 φ を図9.8のように $y = 0$ で切り取って y 軸正方向から見た図が図9.7右図です。ここで、極座標の r と θ は図9.5で与えられるので、図9.8で r は原点からの距離、θ は z 軸正方向からの角度（$0 \leq \theta \leq \pi$）です。図9.7右図では中心からの距離が r に相当します。$n = 1, 2, 3$ に応じて濃淡が大きく変化する輪が $1, 2, 3$ 個ありますが、こ

れは $n = 1, 2, 3$ に応じて $R_n(r)$ の腹が $1, 2, 3$ 個になっていることに対応しています。

また、図9.7右図をみてもわかるように、波動関数は球対称で角度依存性はありません。このようにs波は波動関数に角度依存性がないので、動径方向（r 方向）の波のみ考えればよく、非常に簡単になります。角度依存性のある一般の波は第10章で学びましょう。

9.6 球対称な有限の深さの井戸型ポテンシャルの場合

前節で解いたように、無限に深い3次元井戸型ポテンシャルの場合、解の様子は1次元と同じでした。しかしながら、角度依存性のないs波の場合はいつも1次元と3次元が同じというわけではありません。以下のよく知られた例題を解いて検証してみましょう。

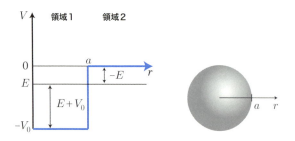

図9.9 球対称な有限の深さの井戸型ポテンシャル

ここでは図のような球対称な有限の深さの井戸型ポテンシャルの場合を考えます。ポテンシャルの半径 a は図の球の半径 a です。球対称な有限の深さの井戸型ポテンシャルは第5章でも紹介したように、原子核などのポテンシャルが相当します。球対称な有限の深さの井戸型ポテンシャルは原

点からの距離rのみの関数で、

$$V(r) = \begin{cases} -V_0 & (r<a) \quad 領域1 \\ 0 & (r>a) \quad 領域2 \end{cases} \qquad (9.48)$$

となります。一見すると第7章図7.1右図で学んだ有限の深さの井戸型ポテンシャルと似ていると思うかもしれませんが、異なる点がいくつかあります。まず、rは原点からの距離なので、$r \geq 0$になります。次に第7章では高さV_0のポテンシャルを考えましたが、原子核などは無限遠で$V=0$なので領域2で$V=0$とします。また、中性子は原子核内に閉じ込められているので領域1で$V_0 < 0$とします。つまり、第7章のポテンシャルVの値を$-V_0$ずらしています。このポテンシャルにおける束縛状態（$E<0$）を求めましょう。

まず、波動関数$R(r)$のかわりに1次元シュレーディンガー方程式と同じ方程式を満たす$u(r) = rR(r)$を考えましょう。$u(r)$の満たすシュレーディンガー方程式は領域1、2でそれぞれ、

$$\begin{cases} -\dfrac{\hbar^2}{2m}\dfrac{d^2\varphi(x)}{dx^2} - V_0\varphi(x) = E\varphi(x) & 領域1 \qquad (9.49a) \\ -\dfrac{\hbar^2}{2m}\dfrac{d^2\varphi(x)}{dx^2} = E\varphi(x) & 領域2 \qquad (9.49b) \end{cases}$$

となります。ここで領域1の式を整理すると、

$$\frac{\hbar^2}{2m}\frac{d^2\varphi(x)}{dx^2} = -(E+V_0)\varphi(x) \qquad 領域1 \qquad (9.50)$$

となります。領域1の解は2階微分すると元の関数の負の定数倍になっているので、

$$u(r) = A\sin kr + B\cos kr \qquad (9.51)$$

$$k = \frac{\sqrt{2m(E+V_0)}}{\hbar} \qquad (9.52)$$

となります。ここで原点における境界条件を調べましょう。$u(r) = rR(r)$ は原点 $r = 0$ で、

$$u(0) = 0 \cdot R(0) = 0 = A \sin 0 + B \cos 0 = B \tag{9.53}$$

になるので、$B = 0$ です。よって領域1では、

$$u(r) = A \sin kr \qquad 領域1 \tag{9.54}$$

となります。一方、領域2における $u(r)$ は $E < 0$ を考慮すると、2階微分したとき元の関数の正の定数倍になっているので、

$$u(r) = Ce^{\rho r} + De^{-\rho r} \tag{9.55}$$

$$\rho = \frac{\sqrt{2m(-E)}}{\hbar} \tag{9.56}$$

ですが、束縛状態は無限遠 $r \to \infty$ で無限大に発散しないので、

$$u(r) = De^{-\rho r} \qquad 領域2 \tag{9.57}$$

となります。以上をまとめると、各領域における $u(r)$ は、

$$\begin{cases} u(r) = A \sin kr \quad (r < a) \qquad 領域1 & (9.58a) \\ u(r) = Be^{-\rho r} \quad\;\; (r > a) \qquad 領域2 & (9.58b) \\ k = \dfrac{\sqrt{2m(E + V_0)}}{\hbar}, \quad \rho = \dfrac{\sqrt{2m(-E)}}{\hbar} & (9.58c) \end{cases}$$

となります。次に、u が $r = a$ で滑らかにつながるという要請から、$r = a$ において領域1と領域2の u とその微分 u' が等しくならなければならないので、

$$\begin{cases} A \sin ka = Be^{-\rho a} & u の連続性 \qquad\quad (9.59a) \\ kA \cos ka = -B\rho e^{-\rho a} & u の微分の連続性 \quad (9.59b) \end{cases}$$

が得られます。ここで式 (9.59b)÷式 (9.59a) を計算すると直ちに、

$$k \cot ka = -\rho \tag{9.60}$$

となります。また、このとき式 (9.58c) から、

$$\rho^2 + k^2 = \frac{2mV_0}{\hbar^2} \tag{9.61}$$

となります。

さて、これらの式 (9.60)、(9.61) をどこかで見たことはないでしょうか？ これらの式は、第7章で学んだ1次元の有限の深さの井戸型ポテンシャルのパリティが奇の解を求める式 (7.31) (7.38) と同じです。

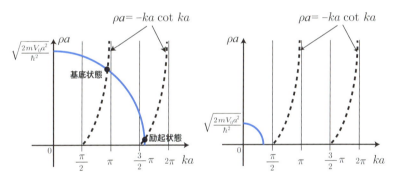

図9.10 式 (9.60) (9.61) のグラフと解 (交点) の様子。右図は束縛状態がない場合

つまり、動径方向のシュレーディンガー方程式 (s波) の解は第7章の場合と同様に図の円と曲線 $\rho a = -ka \cot ka$ の交点になります。ここでは図のように半径 $\sqrt{\frac{2mV_0 a^2}{\hbar^2}}$ の値に応じて2通りの場合の図を載せました。

まず、左図は交点が2つあるので、束縛状態は2つ (基底状態と励起状態) になります。しかしながらその一方で右図の場合は交点が1つもないので、束縛状態は1つもないことになります。これは1次元の場合とは大きな違いです。第7章の議論によれば、1次元の有限の深さの井戸型ポテ

ンシャルの場合は必ず束縛状態は1つはあるのでした。

それでは3次元の場合、どのような条件下で束縛状態がなくなるのでしょう？ 束縛状態がなくなるのは、図の円の半径$\sqrt{\frac{2mV_0a^2}{\hbar^2}}$が小さく、$\rho a = -ka \cot ka$と円の交点がなくなる場合です。交点がなくなり束縛状態が1つもない場合は図より、$\sqrt{\frac{2mV_0a^2}{\hbar^2}} < \frac{\pi}{2}$を満たす場合です。両辺を2乗してみると

$$V_0 a^2 < \frac{\hbar^2 \pi^2}{8m} \tag{9.62}$$

となります。例えばポテンシャルV_0が小さい、もしくはポテンシャル半径aが小さいなどして、その結果として式（9.62）を満たすときは束縛状態がなくなります。

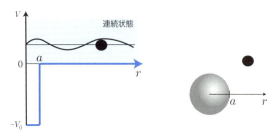

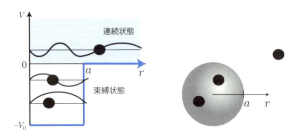

図9.11 有限の深さの球対称な井戸型ポテンシャルにおける非束縛状態は箱の大きさが十分に大きい空間にあると考えると連続状態になっている

図9.11上図には球のサイズaが小さい場合が描かれています。小さい球に閉じ込められるには、波動関数の曲がり方がきつくならなければなりませんが、波動関数の曲がり方がきつくなるとエネルギーは大きくなります。そのため、ポテンシャルの深さが十分でないと波動関数をポテンシャルの球の中に閉じ込めることはできないのです。

　それでは、束縛状態がない場合は波動関数はどうなるのでしょう？　このとき、波動関数のエネルギーは非束縛状態（ポテンシャルに閉じ込められていない状態）、つまりエネルギーは正になります。ここで第6章の図6.5を見ると、箱の大きさが∞に近づくとエネルギーは連続になっていくことを学びました。そこで例えば私達の世界が十分に大きな箱とみなすと、図9.11上図の半径aのポテンシャルの箱の外には十分に大きい空間にあると考えられるので、図6.5の箱の大きさが∞のときと同じようにエネルギーは連続的であるといえます。

　つまり、束縛状態がない場合は、とびとびではなく、正のエネルギーを持った連続状態があります。同じように、図9.11下図のように束縛状態がいくつかある場合も、正のエネルギーを持った連続状態があります。

章末確認問題

1. $\frac{\partial r}{\partial z} = \cos \theta$を導け。
2. 3次元極座標シュレーディンガー方程式(s波)を書け。
3. 3次元の無限に深い球型ポテンシャルの解(s波)の様子を書け。
4. 3次元の有限の深さの球型ポテンシャルにおいて、束縛状態がないのはどんな場合か？

第10章

3次元シュレーディンガー方程式の解Ⅱ
（角運動量がある場合）

　本章では現実の原子・原子核などの世界で利用される球対称ポテンシャルにおけるシュレーディンガー方程式の解の様子を調べます。そこでは角運動量が重要な役割を演じます。量子力学における角運動量を学び、これをもとに球対称ポテンシャルにおけるシュレーディンガー方程式の解の様子を理解していきましょう。

10.1 量子論における角運動量

❖原子における角運動量と角度方向の波

前章ではポテンシャルと波動関数が球対称ならば、$u(r)=rR(r)$の満たすシュレーディンガー方程式は1次元シュレーディンガー方程式と同じになることを学びました。それではポテンシャルは球対称のままで、波動関数が球対称でない場合はどうなるのでしょう？

実は私達はすでにそのような波を学んでいます。私達は第1章で原子における電子の波は、ボーアの仮説Iの量子化条件の式 (1.15)、

$$2\pi \times 角運動量 = nh \quad (n = 1, 2, 3, \cdots) \tag{10.1}$$

を満たすことを学びました。

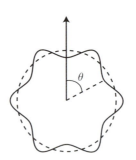

図10.1 第1章の量子化条件の物質波。球対称でなく、角度方向の波になっている。この波は角運動量を量子化すると出てきたので、角運動量に関係した波と考えられる

この式 (10.1) を変形すると、電子の波は図のように「原子軌道が1回転する長さ[*1]＝電子の波長 λ の自然数倍」つまり、

$$2\pi r = n\lambda \quad (n = 1, 2, 3, \cdots) \tag{10.2}$$

に制限されることも学びました。実はこれがまさに球対称でない波、**角度**

[*1] 1原子の軌道半径を r とすると $2\pi r$。

方向の波の例です。この図の角度方向の波は角運動量がある式（10.1）から出てきたので、角運動量と関係していると考えられます。以上の議論を言い換えると、

- 角運動量に関する波は角度方向の波になっている（波動関数は球対称ではない）
- 原子における波として、角運動量に関する波が重要である

ということが推測されます。

原子における波として、角運動量に関する波が重要ならば、ミクロな原子を扱う量子論では角運動量は重要であると考えられます。そこでまずは量子論における角運動量の扱いを学び、そのあとで角運動量とシュレーディンガー方程式の関係を学びましょう。

❖角運動量演算子

第5章での式（5.43）や図5.6、図5.7等で学んだように、古典的な角運動量は $\vec{l} = \vec{x} \times \vec{p}$ で表され、$\vec{l}$ の成分は式（5.47）のように、

$$\begin{cases} l_x = yp_z - zp_y & (10.3a) \\ l_y = zp_x - xp_z & (10.3b) \\ l_z = xp_y - yp_x & (10.3c) \end{cases}$$

となるのでした。ここで量子論に移行するため、運動量を式（6.47）の運動量演算子 $p_x = -i\hbar \frac{\partial}{\partial x}$、$p_y = -i\hbar \frac{\partial}{\partial y}$、$p_z = -i\hbar \frac{\partial}{\partial z}$ で表わして式（10.3）に代入すると、直交座標 x, y, z で表された角運動量演算子、

$$\begin{cases} l_x = -i\hbar \left(y\frac{\partial}{\partial z} - z\frac{\partial}{\partial y} \right) & (10.4a) \\[6pt] l_y = -i\hbar \left(z\frac{\partial}{\partial x} - x\frac{\partial}{\partial z} \right) & (10.4b) \\[6pt] l_z = -i\hbar \left(x\frac{\partial}{\partial y} - y\frac{\partial}{\partial x} \right) & (10.4c) \end{cases}$$

を得ることができます。これを極座標で表しましょう。これは直交座標を極座標に変換する式 (9.10)、(9.15) を使って整理すると求まりますが、計算が大変なので実際の計算は後述の参考で行い、ここでは結果のみ紹介しましょう。極座標で表された角運動量演算子は最終的に、

$$\begin{cases} l_x(\theta,\phi) = i\hbar\left(\sin\phi\dfrac{\partial}{\partial\theta} + \dfrac{\cos\phi}{\tan\theta}\dfrac{\partial}{\partial\phi}\right) & (10.5\text{a}) \\[2mm] l_y(\theta,\phi) = i\hbar\left(-\cos\phi\dfrac{\partial}{\partial\theta} + \dfrac{\sin\phi}{\tan\theta}\dfrac{\partial}{\partial\phi}\right) & (10.5\text{b}) \\[2mm] l_z(\theta,\phi) = -i\hbar\dfrac{\partial}{\partial\phi} & (10.5\text{c}) \end{cases}$$

となります。ここで、特に l_z は ϕ のみの関数で、θ が無いことに注意しましょう。

参考　角運動量演算子の計算

$$\begin{aligned} l_x &= -i\hbar\left(y\dfrac{\partial}{\partial z} - z\dfrac{\partial}{\partial y}\right) \\ &= -i\hbar\left(r\sin\theta\sin\phi\left(\cos\theta\dfrac{\partial}{\partial r} - \dfrac{1}{r}\sin\theta\dfrac{\partial}{\partial\theta}\right)\right. \\ &\qquad \left. -r\cos\theta\left(\sin\theta\sin\phi\dfrac{\partial}{\partial r} + \dfrac{1}{r}\cos\theta\sin\phi\dfrac{\partial}{\partial\theta} + \dfrac{1}{r}\dfrac{\cos\phi}{\sin\theta}\dfrac{\partial}{\partial\phi}\right)\right) \\ &= -i\hbar\left(-(\sin^2\theta + \cos^2\theta)\sin\phi\dfrac{\partial}{\partial\theta} - \dfrac{\cos\phi}{\tan\theta}\dfrac{\partial}{\partial\phi}\right) \\ &= -i\hbar\left(-\sin\phi\dfrac{\partial}{\partial\theta} - \dfrac{\cos\phi}{\tan\theta}\dfrac{\partial}{\partial\phi}\right) \end{aligned} \tag{10.6}$$

$$l_y = -i\hbar \left(z\frac{\partial}{\partial x} - x\frac{\partial}{\partial z} \right)$$

$$= -i\hbar \left(r\cos\theta(\sin\theta\cos\phi\frac{\partial}{\partial r} + \frac{1}{r}\cos\theta\cos\phi\frac{\partial}{\partial \theta} - \frac{1}{r}\frac{\sin\phi}{\sin\theta}\frac{\partial}{\partial \phi} \right)$$

$$- r\sin\theta\cos\phi(\cos\theta\frac{\partial}{\partial r} - \frac{1}{r}\sin\theta\frac{\partial}{\partial \theta}) \bigg)$$

$$= -i\hbar \left((\sin^2\theta + \cos^2\theta)\cos\phi\frac{\partial}{\partial \theta} - \frac{\sin\phi}{\tan\theta}\frac{\partial}{\partial \phi} \right)$$

$$= -i\hbar \left(\cos\phi\frac{\partial}{\partial \theta} - \frac{\sin\phi}{\tan\theta}\frac{\partial}{\partial \phi} \right) \tag{10.7}$$

$$l_z = -i\hbar \left(x\frac{\partial}{\partial y} - y\frac{\partial}{\partial x} \right)$$

$$= -i\hbar \left(r\sin\theta\cos\phi(\sin\theta\sin\phi\frac{\partial}{\partial r} + \frac{1}{r}\cos\theta\sin\phi\frac{\partial}{\partial \theta} + \frac{1}{r}\frac{\cos\phi}{\sin\theta}\frac{\partial}{\partial \phi} \right)$$

$$- r\sin\theta\sin\phi(\sin\theta\cos\phi\frac{\partial}{\partial r} + \frac{1}{r}\cos\theta\cos\phi\frac{\partial}{\partial \theta} - \frac{1}{r}\frac{\sin\phi}{\sin\theta}\frac{\partial}{\partial \phi}) \bigg)$$

$$= -i\hbar(\cos\phi^2 + \sin^2\phi)\frac{\partial}{\partial \phi}$$

$$= -i\hbar\frac{\partial}{\partial \phi} \tag{10.8}$$

❖角運動量のz成分の固有関数とϕ方向の波

角運動量演算子（10.5）の中でも特にz成分が単純な式になっているので、手始めに角運動量のz成分の固有関数、固有値を調べてみましょう。角運動量のz成分の演算子$l_z(\theta, \phi) = -i\hbar\frac{\partial}{\partial \phi}$に対応する波（固有関数）を$\Phi(\phi)$、固有値を$a$とおくと、$\Phi(\phi), a$を求める式は、

$$l_z(\theta,\phi)\Phi(\phi) = -i\hbar\frac{\partial \Phi(\phi)}{\partial \phi} = a\Phi(\phi) \tag{10.9}$$

となります。1階微分すると元の関数 φ の虚数単位 i の定数倍になる関数なので、4.2節の議論により $\Phi(\phi) = e^{im\phi}$ と置くと、

$$l_z(\theta,\phi)e^{im\phi} = -i\hbar\frac{\partial e^{im\phi}}{\partial \phi} = m\hbar e^{im\phi} \tag{10.10}$$

となります。ここから角運動量の z 成分の演算子 $l_z(\theta, \phi)$ の固有関数は $e^{im\phi}$ であり、固有値は $m\hbar$ となります。m は歴史的な経緯から**磁気量子数**とよばれます。ここで、波が ϕ 方向に1回転すると元に戻ることを考慮すると、$\Phi(0) = \Phi(2\pi)$ つまり、

$$e^{im0} = e^{im2\pi} \tag{10.11}$$

が必要です。$e^{im0} = e^0 = 1$ なのでこれは、

$$e^{im2\pi} = \cos 2\pi m + i\sin 2\pi m = 1 \tag{10.12}$$

を意味します。つまり、

$$\begin{cases} \cos 2\pi m = 1 & (10.13a) \\ \sin 2\pi m = 0 & (10.13b) \end{cases}$$

です。よって m は整数であることが必要で、

$$m = 0, \pm 1, \pm 2, \cdots \tag{10.14}$$

となります。m は自由な値をとることはできず、とびとびの離散化された固有関数 $e^{im\phi}$ ($m = 0, \pm 1, \pm 2, \cdots$) が出てきました。この固有関数を規格化しておきましょう。ϕ 方向に1回転すると粒子を見出す確率は1ですから、$\Phi(\phi) = Ae^{im\phi}$ とおくと、$\int_0^{2\pi} \Phi^*(\phi)\Phi(\phi)d\phi = \int_0^{2\pi} A^2 e^{-im\phi}e^{im\phi}d\phi = \int_0^{2\pi} A^2 d\phi = 2\pi A^2 = 1$ となります。よって、

$$\Phi(\phi) = \frac{1}{\sqrt{2\pi}}e^{im\phi} \tag{10.15}$$

となります。また、$e^{im\phi} = \cos m\phi + i\sin m\phi$ より**$l_z(\theta, \phi)$ の固有関数（波）$\Phi(\phi) = \frac{1}{\sqrt{2\pi}}e^{im\phi}$ は極座標における ϕ 方向の波になっている**ことにも注意しましょう。ここで極座標における ϕ 方向の波とは、図10.2のように z 軸回

りの波に相当します。ただし、図は模式的な図であり、実際は複素数の波 $e^{im\phi}$ です。またこれは、運動量 p の固有関数 $e^{i\frac{p}{\hbar}x}$ と似た形になっています。

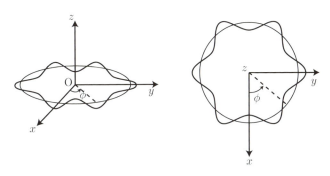

図10.2 極座標における ϕ 方向の波の模式図（実際は複素数の波）

> ### 角運動量の z 成分の演算子 $l_z(\theta, \phi)$ の固有関数と固有値
>
> 角運動量の z 成分の演算子 $l_z(\theta, \phi) = -i\hbar \frac{\partial}{\partial \phi}$ の固有関数は、
>
> $$\Phi(\phi) = \frac{1}{\sqrt{2\pi}} e^{im\phi} \quad (m = 0, \pm 1, \pm 2, \cdots) \quad (10.16)$$
>
> であり、固有値は $m\hbar$。つまり、
>
> $$l_z(\theta, \phi) \left(\frac{1}{\sqrt{2\pi}} e^{im\phi} \right) = -i\hbar \frac{\partial \left(\frac{1}{\sqrt{2\pi}} e^{im\phi} \right)}{\partial \phi} = m\hbar \left(\frac{1}{\sqrt{2\pi}} e^{im\phi} \right) (10.17)$$
>
> を満たす。m は歴史的な経緯から磁気量子数とよばれる。$l_z(\theta, \phi)$ の固有関数（波）$\Phi(\phi) = \frac{1}{\sqrt{2\pi}} e^{im\phi}$ は ϕ 方向の波になっている。

さて、ここで m は整数であることを紹介しましたが、m の値は他に制限はつかないのでしょうか？ 物理的には角運動量の z 成分 l_z の固有値が $m\hbar$ ですから、

$$\text{角運動量の} z \text{成分の大きさ} m\hbar \leq \text{角運動量の大きさ} \quad (10.18)$$

になることが必要です。しかしまだ私達は角運動量の大きさをきちんと学んでいません。そこで次に角運動量の大きさを議論するので、その後に、この件については続きを説明します。

❖角運動量の2乗の演算子

角運動量の大きさに関連した量として角運動量の2乗 $l^2(\theta, \phi)$ の演算子があります。角運動量の2乗は $l^2(\theta, \phi) = l_x^2 + l_y^2 + l_z^2$ です。これを極座標で表した式は式(10.5)を使うと計算できます。丹念に計算して整理すると、後述の参考の計算により極座標で表された角運動量の2乗の演算子 $l^2(\theta, \phi)$ は、

$$l^2(\theta, \phi) = -\hbar^2 \left(\frac{1}{\sin\theta} \frac{\partial}{\partial\theta}(\sin\theta \frac{\partial}{\partial\theta}) + \frac{1}{\sin^2\theta} \frac{\partial^2}{\partial\phi^2} \right) \quad (10.19)$$

となります。

> **参考** **角運動量2乗の演算子 l^2 の計算**
>
> $$\begin{aligned}
> & l_x^2 + l_y^2 + l_z^2 \\
> &= -\hbar^2 \left(-\sin\phi \frac{\partial}{\partial\theta} - \frac{\cos\phi}{\tan\theta} \frac{\partial}{\partial\phi} \right) \left(-\sin\phi \frac{\partial}{\partial\theta} - \frac{\cos\phi}{\tan\theta} \frac{\partial}{\partial\phi} \right) \\
> & \quad -\hbar^2 \left(\cos\phi \frac{\partial}{\partial\theta} - \frac{\sin\phi}{\tan\theta} \frac{\partial}{\partial\phi} \right) \left(\cos\phi \frac{\partial}{\partial\theta} - \frac{\sin\phi}{\tan\theta} \frac{\partial}{\partial\phi} \right) \\
> & \quad -\hbar^2 \frac{\partial^2}{\partial\phi^2} \\
> &= -\hbar^2 \Bigg(\sin^2\phi \frac{\partial^2}{\partial\theta^2} + \frac{\sin\phi\cos\phi}{\sin^2\theta} \frac{\partial}{\partial\phi} + \frac{\sin\phi\cos\phi}{\tan\theta} \frac{\partial}{\partial\theta}\frac{\partial}{\partial\phi} \\
> & \quad + \frac{\cos^2\phi}{\tan\theta} \frac{\partial}{\partial\theta} + \frac{\cos\phi\sin\phi}{\tan\theta} \frac{\partial}{\partial\phi}\frac{\partial}{\partial\theta} - \frac{\cos\phi\sin\phi}{\tan^2\theta} \frac{\partial}{\partial\phi} + \frac{\cos^2\phi}{\tan^2\theta} \frac{\partial^2}{\partial\phi^2} \Bigg)
> \end{aligned}$$

$$-\hbar^2\left(\cos^2\phi\frac{\partial^2}{\partial\theta^2}-\frac{\cos\phi\sin\phi}{\sin^2\theta}\frac{\partial}{\partial\phi}-\frac{\cos\phi\sin\phi}{\tan\theta}\frac{\partial}{\partial\theta}\frac{\partial}{\partial\phi}\right.$$
$$\left.+\frac{\sin^2\phi}{\tan\theta}\frac{\partial}{\partial\theta}-\frac{\sin\phi\cos\phi}{\tan\theta}\frac{\partial}{\partial\phi}\frac{\partial}{\partial\theta}+\frac{\sin\phi\cos\phi}{\tan^2\theta}\frac{\partial}{\partial\phi}+\frac{\sin^2\phi}{\tan^2\theta}\frac{\partial^2}{\partial\phi^2}\right)$$
$$-\hbar^2\frac{\partial^2}{\partial\phi^2}$$
$$=-\hbar^2\left(\frac{\partial^2}{\partial\theta^2}+\frac{1}{\tan\theta}\frac{\partial}{\partial\theta}+\left(\frac{1}{\tan^2\theta}+1\right)\frac{\partial^2}{\partial\phi^2}\right)$$
$$=-\hbar^2\left(\frac{\partial^2}{\partial\theta^2}+\frac{1}{\tan\theta}\frac{\partial}{\partial\theta}+\frac{1}{\sin^2\theta}\frac{\partial^2}{\partial\phi^2}\right) \quad (10.20)$$

さらに式 (9.25) を使うと $l_x^2+l_y^2+l_z^2=l^2(\theta,\phi)$ は

$$l^2(\theta,\phi)=-\hbar^2\left(\frac{1}{\sin\theta}\frac{\partial}{\partial\theta}(\sin\theta\frac{\partial}{\partial\theta})+\frac{1}{\sin^2\theta}\frac{\partial^2}{\partial\phi^2}\right) \quad (10.21)$$

となります。

❖ $l^2(\theta,\phi)$ の固有関数・固有値と $l_z(\theta,\phi)$ の固有関数の関係

それでは角運動量の2乗の演算子 $l^2(\theta,\phi)$ の固有関数（波）、固有値を求めてみましょう。角運動量の2乗の演算子 $l^2(\theta,\phi)$ に対応する固有関数を $Y(\theta,\phi)$、固有値を λ と書くことにすると、$Y(\theta,\phi)$, λ を求める式は式 (10.19) を使って、

$$-\hbar^2\left(\frac{1}{\sin\theta}\frac{\partial}{\partial\theta}(\sin\theta\frac{\partial}{\partial\theta})+\frac{1}{\sin^2\theta}\frac{\partial^2}{\partial\phi^2}\right)Y(\theta,\phi)=\lambda Y(\theta,\phi) \quad (10.22)$$

となります。ここで $Y(\theta,\phi)$ が θ 方向の波 $\Theta(\theta)$ と ϕ 方向の波 $\Phi(\phi)$ に変数分離されるとしましょう。すなわち固有関数を $Y(\theta,\phi)$ は、

$$Y(\theta,\phi)=\Theta(\theta)\Phi(\phi) \quad (10.23)$$

と書けるとします。この変数分離された式を $l^2(\theta,\phi)$ の固有関数・固有値が

満たす式（10.22）に代入すると、

$$-\hbar^2 \left(\frac{1}{\sin\theta}\frac{\partial}{\partial\theta}(\sin\theta\frac{\partial}{\partial\theta}) + \frac{1}{\sin^2\theta}\frac{\partial^2}{\partial\phi^2} \right)\Theta(\theta)\Phi(\phi) = \lambda\Theta(\theta)\Phi(\phi) \quad (10.24)$$

となりますが、微分される部分とそうでない部分がわかりやすいように書き換えると、

$$-\hbar^2 \left(\frac{\Phi(\phi)}{\sin\theta}\frac{\partial}{\partial\theta}(\sin\theta\frac{\partial\Theta(\theta)}{\partial\theta}) + \frac{\Theta(\theta)}{\sin^2\theta}\frac{\partial^2\Phi(\phi)}{\partial\phi^2} \right) = \lambda\Theta(\theta)\Phi(\phi) \quad (10.25)$$

となります。ここで方程式を変数分離するために両辺を$\sin^2\theta$をかけたあと$\Theta(\theta)\Phi(\phi)\hbar^2$で割って左辺を$\theta$の関数、右辺を$\phi$の関数でまとめると、

$$\frac{1}{\Theta(\theta)}\sin\theta\frac{\partial}{\partial\theta}(\sin\theta\frac{\partial\Theta(\theta)}{\partial\theta}) + \frac{\lambda\sin^2\theta}{\hbar^2} = -\frac{1}{\Phi(\phi)}\frac{\partial^2\Phi(\phi)}{\partial\phi^2} \quad (10.26)$$

となり、変数分離された方程式が得られました。すると、左辺はθのみの関数、右辺はϕのみの関数であり、この等式がすべてのθ, ϕついて成り立つことから右辺、左辺はθ, ϕを含まない定数であることが必要です。この定数をm^2と置くと、

$$\begin{cases} \dfrac{1}{\Theta(\theta)}\sin\theta\dfrac{\partial}{\partial\theta}(\sin\theta\dfrac{\partial\Theta(\theta)}{\partial\theta}) + \dfrac{\lambda\sin^2\theta}{\hbar^2} = m^2 & (10.27a) \\[2ex] -\dfrac{1}{\Phi(\phi)}\dfrac{\partial^2\Phi(\phi)}{\partial\phi^2} = m^2 & (10.27b) \end{cases}$$

となります。このようにしてθ方向の波の満たす方程式とϕ方向の波の満たす方程式が求まりました。ϕ方向の波の式は簡単そうですので解いてみましょう。式（10.27b）は

$$\frac{\partial^2\Phi(\phi)}{\partial\phi^2} = -m^2\Phi(\phi) \quad (10.28)$$

となります。ここで、$\Phi(\phi)$として$l_z(\theta,\phi)$の固有関数$\frac{1}{\sqrt{2\pi}}e^{im\phi}$を$\phi$方向の波の満たす方程式（10.28）に代入してみましょう。すると、

$$\frac{\partial^2\left(\frac{1}{\sqrt{2\pi}}e^{im\phi}\right)}{\partial\phi^2} = -m^2\frac{1}{\sqrt{2\pi}}e^{im\phi} \tag{10.29}$$

となり、$\Phi(\phi) = \frac{1}{\sqrt{2\pi}}e^{im\phi}$ と置けることがわかりました。つまり、

$$Y(\theta,\phi) = \Theta(\theta) \times \frac{1}{\sqrt{2\pi}}e^{im\phi} \tag{10.30}$$

と書けることがわかりました。式（10.30）より $l^2(\theta, \phi)$ の固有関数 $Y(\theta,\phi)$ に $l_z(\theta, \phi)$ の固有関数 $\frac{1}{\sqrt{2\pi}}e^{im\phi}$ が含まれていることから、$l^2(\theta, \phi)$ の固有関数 $Y(\theta, \phi)$ は角運動量の z 成分の演算子 $l_z(\theta, \phi)$ の固有関数でもあると考えるかもしれません。実際、$l_z(\theta, \phi)$ に $Y(\theta, \phi)$ をかけてみると、

$$\begin{aligned}
l_z(\theta,\phi)Y(\theta,\phi) &= -i\hbar\frac{\partial Y(\theta,\phi)}{\partial\phi} \\
&= -i\hbar\Theta(\theta)\frac{\partial\left(\frac{1}{\sqrt{2\pi}}e^{im\phi}\right)}{\partial\phi} \\
&= -i^2 m\hbar\Theta(\theta)\frac{1}{\sqrt{2\pi}}e^{im\phi} \\
&= m\hbar Y(\theta,\phi)
\end{aligned} \tag{10.31}$$

となります。つまり、**$Y(\theta, \phi)$ は $l^2(\theta, \phi)$ の固有関数であると同時に $l_z(\theta, \phi)$ の固有関数でもある**ことがわかります。

❖角運動量2乗の演算子 $l^2(\theta, \phi)$ の固有値と球面調和関数

これより先は数学の計算を丹念に行うことにより求まりますが、ここでは結果のみを紹介しましょう。$l^2(\theta, \phi)$ の固有関数 $Y(\theta, \phi) = \Theta(\theta)\frac{1}{\sqrt{2\pi}}e^{im\phi}$ は最終的に**球面調和関数**とよばれる関数であることが知られています。球面調和関数は $Y_{lm}(\theta, \phi) = \Theta(\theta)\frac{1}{\sqrt{2\pi}}e^{im\phi}$ と書かれ、式（10.19）の角運動量の2乗の演算子 $l^2(\theta, \phi)$ を使って、

$$-\hbar^2\left(\frac{1}{\sin\theta}\frac{\partial}{\partial\theta}(\sin\theta\frac{\partial}{\partial\theta}) + \frac{1}{\sin^2\theta}\frac{\partial^2}{\partial\phi^2}\right)Y_{lm}(\theta,\phi) = l(l+1)\hbar^2 Y_{lm}(\theta,\phi) \tag{10.32}$$

を満たすことが知られています。ここでlは$l = 0, 1, 2, \cdots$の0以上の整数となることが知られています。この式から角運動量の2乗の演算子$l^2(\theta, \phi)$の固有値が$l(l+1)\hbar^2$であることがわかり、ここから角運動量の大きさは正確には$\sqrt{l(l+1)}\hbar$となります。すると球面調和関数$Y_{lm}(\theta, \phi)$は角運動量の大きさ$\sqrt{l(l+1)}\hbar$の波ということになりますが、簡略化して$Y_{lm}(\theta, \phi)$を角運動量$l\hbar$の波とか角運動量lの波などといいます。また、球面調和関数$Y_{lm}(\theta, \phi)$は角運動量の固有関数などといいます。

ここでmは$-l$からlまでの整数値$m = -l, \cdots, 0, \cdots, l$を取ります。これは以下のように物理的に解釈できます。$Y_{lm}(\theta, \phi) = \Theta(\theta)\frac{1}{\sqrt{2\pi}}e^{im\phi}$の$m$の物理的な意味は、式(10.31)より$m\hbar$が角運動量の$z$成分の固有値となります。一方で角運動量の大きさは$\sqrt{l(l+1)}\hbar$です。

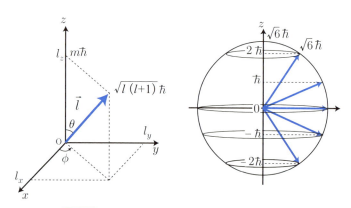

図10.3 量子化された角運動量のz成分の直感的な理解

すると、図10.3左図のように角運動量lのz成分の大きさ≦角運動量lの大きさが成り立つので、

$$|m\hbar| \leq \sqrt{l(l+1)}\hbar \tag{10.33}$$

となります。ここで、

$$l^2 < l(l+1) < (l+1)^2$$
$$\rightarrow l < \sqrt{l(l+1)} < l+1 \tag{10.34}$$

となるので、m が整数であることから式 (10.33)(10.34) より

$$|m| \leq l \tag{10.35}$$

つまり、$m = -l, -l+1, \cdots, 0, \cdots, l-1, l$ となります。

例として図10.3右図には $l=2$ の角運動量ベクトルの様子が描かれています。$l=2$ なので、大きさの2乗は $l(l+1)\hbar^2 = 2 \cdot 3\hbar^2 = 6\hbar^2$ つまり大きさは $\sqrt{6}\hbar$ となるので、$l=2$ の角運動量ベクトルの先は半径 $\sqrt{6}\hbar$ の球面上を動きます。その z 成分は右図のように角運動量の矢印の z 成分になります。よって m が整数であるとすると、m は -2 から 2 までの整数になり、$m\hbar$ の値は右図のように $-2\hbar, -\hbar, 0, \hbar, 2\hbar$ を動きます。

❖ l が小さい場合の球面調和関数

以上から角運動量 l の波 Y_{lm} は式 (10.32) を解けば求まることがわかりました。しかしながら、実際にここから Y_{lm} を計算することは数学的に大変なので、l が小さいときは以下の結果を利用します。l の値が小さいときの Y_{lm} は、

---

l が小さいときの球面調和関数 Y_{lm}

$Y_{00} = \frac{1}{\sqrt{4\pi}}$

$Y_{10} = \sqrt{\frac{3}{4\pi}} \cos\theta, \quad Y_{1\pm1} = \mp\sqrt{\frac{3}{8\pi}} \sin\theta \, e^{\pm i\phi}$

$Y_{20} = \sqrt{\frac{5}{16\pi}} (3\cos^2\theta - 1), \quad Y_{2\pm1} = \mp\sqrt{\frac{15}{8\pi}} \sin\theta \cos\theta \, e^{\pm i\phi}$

$Y_{2\pm2} = \sqrt{\frac{15}{32\pi}} \sin^2\theta \, e^{\pm 2i\phi}$ (10.36)

となることが知られています。

確認問題 Y_{00}, Y_{10} について、式(10.32) を実際に満たすことを計算して確認しましょう。

答え

$$l^2 Y_{00} = -\hbar^2 \left(\frac{1}{\sin\theta} \frac{\partial}{\partial\theta}(\sin\theta \frac{\partial}{\partial\theta}) + \frac{1}{\sin^2\theta} \frac{\partial^2}{\partial\phi^2} \right) \frac{1}{\sqrt{4\pi}}$$

$$= 0 = 0 \cdot 1 \hbar^2 Y_{00}$$

$$l^2 Y_{10} = -\hbar^2 \left(\frac{1}{\sin\theta} \frac{\partial}{\partial\theta}(\sin\theta \frac{\partial}{\partial\theta}) + \frac{1}{\sin^2\theta} \frac{\partial^2}{\partial\phi^2} \right) \sqrt{\frac{3}{4\pi}} \cos\theta$$

$$= -\hbar^2 \frac{1}{\sin\theta} \frac{\partial}{\partial\theta}(\sin\theta \frac{\partial}{\partial\theta}) \sqrt{\frac{3}{4\pi}} \cos\theta$$

$$= -\hbar^2 \frac{1}{\sin\theta} \frac{\partial}{\partial\theta}(-\sin^2\theta) \sqrt{\frac{3}{4\pi}}$$

$$= -\hbar^2 \frac{1}{\sin\theta}(-2\sin\theta\cos\theta) \sqrt{\frac{3}{4\pi}}$$

$$= 2\cos\theta \sqrt{\frac{3}{4\pi}} \hbar^2 = 1 \cdot 2\hbar^2 Y_{10}$$

❖球面調和関数とθ方向の波

　角度方向の波である球面調和関数Y_{lm}のグラフの特徴をつかんで慣れておきましょう。ここでは$m=0$の場合を調べます。$m=0$の場合は$Y_{lm}(\theta, \phi) = \Theta(\theta) \frac{1}{\sqrt{2\pi}} e^{i0\phi} = \Theta(\theta) \frac{1}{\sqrt{2\pi}}$となるので$\theta$のみの関数になります。実際、式(10.36) をみても確かにY_{l0}はθのみの関数（波）になっているため簡単な式になっています。

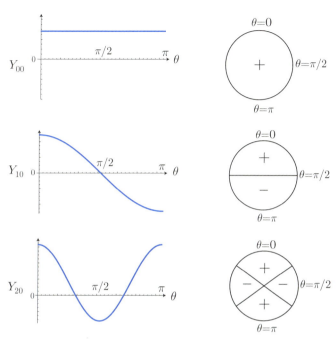

図10.4 いくつかの球面調和関数のグラフ（左図：θ方向のグラフ、右図：$y=0$平面をy軸正方向から見たグラフ）。θ方向の波になっている

　$m=0$の場合の角運動量$l=0,1,2$の波、つまりY_{00}, Y_{10}, Y_{20}のθ方向のグラフは式（10.36）より図10.4左図のようになります。ここで図9.4より、θはz軸正方向からの角度なので、θの範囲は$0 \leq \theta \leq \pi$になります。図10.4左図よりθ方向に波ができていることがわかります。$0 \leq \theta \leq \pi$の間にY_{00}, Y_{10}, Y_{20}のグラフは節がそれぞれ0, 1, 2個あることがわかります。Y_{00}, Y_{10}, Y_{20}を図9.8のように$y=0$で切りとった平面の図が図10.4右図です。Y_{00}, Y_{10}, Y_{20}は角度θ方向にそれぞれ波が0, 1, 2個あるように見えます。角運動量lの値がY_{00}, Y_{10}, Y_{20}と大きくなるにつれてθ方向へ波の数が増えています。

参考　球面調和関数の一般形

簡単のため、lの値が小さいときのY_{lm}を具体的に調べましたが、一般には式（10.32）を解いた計算結果のみを紹介するとY_{lm}は、

$$Y_{lm}(\theta,\phi) = (-1)^{\frac{m+|m|}{2}}\sqrt{\frac{2l+1}{2}\frac{(l-|m|)!}{(l+|m|)!}}P_l^{|m|}(\cos\theta)\frac{1}{\sqrt{2\pi}}e^{im\phi} \quad (10.37)$$

であることが知られています。ここでmは$-l$からlまでの整数$m = -l, \cdots 0, \cdots, l$です。$l_z$の固有関数$\frac{1}{\sqrt{2\pi}}e^{im\phi}$が$Y_{lm}$に確かに含まれていることを確認しましょう。また、$Y_{lm}$の式（10.37）において、$\theta$方向の波$P_l^{|m|}(\cos\theta)$と$\phi$方向の波$\frac{1}{\sqrt{2\pi}}e^{im\phi}$に変数分離されていることも確認しておきましょう。

球面調和関数の一般的な式（10.37）は一見複雑そうな式ですが、実際に毎回この式を導く必要はないので、公式としてこういう式があるという程度に参考として理解しておくといいでしょう。また、これも参考ですが、式（10.37）のP_l^mはl次のルジャンドルの陪関数とよばれ、$m \geq 0$のとき

$$P_l^m(\cos\theta) = (1-\cos^2\theta)^{m/2}\frac{d^m}{d(\cos\theta)^m}P_l(\cos\theta) \quad (10.38)$$

と表されます。P_lはルジャンドルの多項式とよばれ、

$$P_l(\cos\theta) = \frac{(-1)^l}{2^l l!}\frac{d^l(1-\cos^2\theta)^l}{d(\cos\theta)^l} \quad (10.39)$$

と表されます。

❖ s, p, d, ⋯波

式（10.36）より角運動量0の波は$Y_{00} = \frac{1}{\sqrt{4\pi}}$ですから、角度依存性がないことがわかります。この$l = 0$の波$Y_{00}$は量子論の世界ではしばしばs波とよばれます。第9章の角度依存性がないs波とは、実は$l = 0$の波のことだったのです。

さらに量子論では $l=0, 1, 2, \cdots$ の波をしばしば s 波、p 波、d 波，…などといいます。例えば p 波とは $l=1$ の波のことです。さらに l の値に応じて表のようによばれています。

l	0	1	2	3	4	5	6	…
記号	s波	p波	d波	f波	g波	h波	i波	…

最後に、この節のまとめを載せておきましょう。

球面調和関数と角運動量

球面調和関数 Y_{lm} は角運動量の 2 乗の演算子 $l^2(\theta, \phi)$ の固有関数であり、固有値は $l(l+1)\hbar^2$ である。また Y_{lm} は角運動量の z 成分の演算子 $l_z = -i\hbar \frac{\partial}{\partial \phi}$ の固有関数でもあり、固有値は $m\hbar$ である。これを具体的な式で表すと、

$$\begin{cases} -\hbar^2 \left(\frac{1}{\sin\theta} \frac{\partial}{\partial \theta}(\sin\theta \frac{\partial}{\partial \theta}) + \frac{1}{\sin^2\theta} \frac{\partial^2}{\partial \phi^2} \right) Y_{lm}(\theta,\phi) = l(l+1)\hbar^2 Y_{lm}(\theta,\phi) & (10.40\text{a}) \\ -i\hbar \frac{\partial}{\partial \phi} Y_{lm} = m\hbar Y_{lm} & (10.40\text{b}) \\ m = -l, -l+1, \cdots, l-1, l \quad l = 0, 1, 2, \cdots & (10.40\text{c}) \end{cases}$$

となる。球面調和関数 Y_{lm} は角運動量 l の波などといわれ、m は磁気量子数とよばれる。Y_{lm} は一般には、

$$Y_{lm}(\theta,\phi) = (-1)^{\frac{m+|m|}{2}} \sqrt{\frac{2l+1}{2} \frac{(l-|m|)!}{(l+|m|)!}} P_l^{|m|}(\cos\theta) \frac{1}{\sqrt{2\pi}} e^{im\phi} \tag{10.41}$$

となる。特に l の値が小さいときの Y_{lm} を計算すると、

$$\begin{aligned} & Y_{00} = \frac{1}{\sqrt{4\pi}} \\ & Y_{10} = \sqrt{\frac{3}{4\pi}} \cos\theta, \quad Y_{1\pm 1} = \mp \sqrt{\frac{3}{8\pi}} \sin\theta\, e^{\pm i\phi} \\ & Y_{20} = \sqrt{\frac{5}{16\pi}}(3\cos^2\theta - 1), \quad Y_{2\pm 1} = \mp \sqrt{\frac{15}{8\pi}} \sin\theta\cos\theta\, e^{\pm i\phi} \\ & Y_{2\pm 2} = \sqrt{\frac{15}{32\pi}} \sin^2\theta\, e^{\pm 2i\phi} \end{aligned} \tag{10.42}$$

となることが知られている。

10.2 極座標シュレーディンガー方程式

❖極座標シュレーディンガー方程式と角運動量

　以上で量子論における角運動量の扱いの基本がわかったので、極座標のシュレーディンガー方程式に話を戻しましょう。本章のはじめにボーアの原子モデルでは角運動量が重要な役割を果たしたことを紹介しましたが、同じように角運動量はシュレーディンガー方程式にも現れるのでしょうか？

　まず、3次元のシュレーディンガー方程式は直交座標 x, y, z で書くと、

$$-\frac{\hbar^2}{2m}\left(\frac{\partial^2}{\partial x^2}+\frac{\partial^2}{\partial y^2}+\frac{\partial^2}{\partial z^2}\right)\varphi(x,y,z)+V(x,y,z)\varphi(x,y,z)=E\varphi(x,y,z) \tag{10.43}$$

でした。第9章ではポテンシャルが球対称 $V(r)$ で、波動関数が角度依存性がない、つまり $\varphi(r,\theta,\phi)=R(r)$ で表されるならば、$u(r)=rR(r)$ と置くと3次元シュレーディンガー方程式は、

$$-\frac{\hbar^2}{2m}\frac{d^2 u(r)}{dr^2}+V(r)u(r)=Eu(r) \tag{10.44}$$

と書けることを学びました。一方で、一般には極座標3次元シュレーディンガー方程式は第9章の式 (9.19) より、

$$-\frac{\hbar^2}{2m}\left(\frac{\partial^2}{\partial r^2}+\frac{2}{r}\frac{\partial}{\partial r}+\frac{1}{r^2\sin\theta}\frac{\partial}{\partial\theta}(\sin\theta\frac{\partial}{\partial\theta})+\frac{1}{r^2\sin^2\theta}\frac{\partial^2}{\partial\phi^2}\right)\varphi+V(r,\theta,\phi)\varphi=E\varphi \tag{10.45}$$

となることを学びました。この一般的な式 (10.45) を調べてみましょう。一見すると複雑に見えますが、式 (10.45) の角度 θ, ϕ の微分に関する部

分を良く見てみましょう。すると、式（10.45）の角度 θ, ϕ の微分に関する部分は式（10.19）の角運動量の2乗の演算子、

$$l^2(\theta,\phi) = -\hbar^2 \left(\frac{1}{\sin\theta}\frac{\partial}{\partial\theta}(\sin\theta\frac{\partial}{\partial\theta}) + \frac{1}{\sin^2\theta}\frac{\partial^2}{\partial\phi^2} \right) \quad (10.46)$$

と全く同じ式になっていることがわかります。つまり、角運動量の2乗の演算子 $l^2(\theta,\phi)$ を使うと、極座標のシュレーディンガー方程式（10.45）は、

$$-\frac{\hbar^2}{2m}\left(\frac{\partial^2}{\partial r^2} + \frac{2}{r}\frac{\partial}{\partial r}\right)\varphi + \frac{l^2(\theta,\phi)}{2mr^2}\varphi + V(r,\theta,\phi)\varphi = E\varphi \quad (10.47)$$

となり、少し見通し良くなるのです。このようにして、図10.1のボーアの原子モデルと同じように極座標シュレーディンガー方程式においても角運動量が現れることがわかりました。

❖変数分離

極座標で表されたシュレーディンガー方程式（10.47）はポテンシャルが球対称 $V(r)$ である場合、波動関数が以下のように動径方向 r と角度方向 θ, ϕ の波に分離できて簡単になることが知られています。まず、波動関数を動径方向 r と角度方向 θ, ϕ に変数分離して、

$$\varphi(r,\theta,\phi) = R(r)f(\theta,\phi) \quad (10.48)$$

と書いてみましょう。これをシュレーディンガー方程式（10.47）に代入すると、

$$-\frac{\hbar^2}{2m}\left(\frac{\partial^2}{\partial r^2} + \frac{2}{r}\frac{\partial}{\partial r}\right)R(r)f(\theta,\phi) + \frac{l^2(\theta,\phi)}{2mr^2}R(r)f(\theta,\phi) + V(r)R(r)f(\theta,\phi) = ER(r)f(\theta,\phi) \quad (10.49)$$

となります。式（10.49）を変形して右辺に角度の関数、左辺に r の関数をまとめてみましょう。そのためにはまず両辺に $2mr^2$ をかけて角度依存性がある $l^2(\theta,\phi)$ を右辺にまとめていきます。

$$-\hbar^2 r^2 \left(\frac{\partial^2}{\partial r^2} + \frac{2}{r}\frac{\partial}{\partial r}\right) R(r)f(\theta,\phi) + 2mr^2\left(V(r) - E\right) R(r)f(\theta,\phi) = -l^2(\theta,\phi) R(r)f(\theta,\phi)$$

(10.50)

この式の両辺を $R(r)f(\theta,\phi)$ で割ると、

$$-\frac{1}{R(r)}[\hbar^2 r^2 \left(\frac{\partial^2}{\partial r^2} + \frac{2}{r}\frac{\partial}{\partial r}\right) R(r) - 2mr^2\left(V(r) - E\right) R(r)]$$
$$= -\frac{1}{f(\theta,\phi)} l^2(\theta,\phi)f(\theta,\phi) \tag{10.51}$$

となります。ここで右辺は角度のみの関数、左辺は r のみの関数となっており常に等式が成り立っていることから、右辺、左辺の式の値は定数でなければなりません。この定数を λ と置いてみましょう。すると、右辺$=\lambda$から、

$$-\frac{1}{f(\theta,\phi)} l^2(\theta,\phi)f(\theta,\phi) = \lambda \tag{10.52}$$

$$\rightarrow l^2(\theta,\phi)f(\theta,\phi) = -\lambda f(\theta,\phi) \tag{10.53}$$

となります。式 (10.53) は、球面調和関数 $Y_{lm}(\theta,\phi)$ の満たす方程式 (10.40a)、

$$l^2(\theta,\phi) Y_{lm}(\theta,\phi) = l(l+1)\hbar^2 Y_{lm}(\theta,\phi) \tag{10.54}$$

と比較すると、$\lambda = -l(l+1)\hbar^2$ であり、$f(\theta, \phi) = Y_{lm}(\theta, \phi)$ であることがわかります。このようにして、球対称ポテンシャル $V(r)$ の場合は角度方向の波 $f(\theta, \phi)$ として前節で学んだ球面調和関数 $Y_{lm}(\theta, \phi)$ を選ぶことができます。

一方、動径方向の式は $\lambda = -l(l+1)\hbar^2$ を使って、

$$-\frac{1}{R(r)}[\hbar^2 r^2 \left(\frac{\partial^2}{\partial r^2} + \frac{2}{r}\frac{\partial}{\partial r}\right) R(r) - 2mr^2\left(V(r) - E\right) R(r)] = -l(l+1)\hbar^2$$

(10.55)

となりますが、両辺に $\frac{R(r)}{2mr^2}$ をかけると、

$$-\frac{\hbar^2}{2m}\left(\frac{\partial^2}{\partial r^2}+\frac{2}{r}\frac{\partial}{\partial r}\right)R(r)+\frac{l(l+1)\hbar^2}{2mr^2}R(r)+V(r)R(r)=ER(r) \quad (10.56)$$

となります。式 (10.56) を動径方向のシュレーディンガー方程式といいます。この方程式は第9章と同じように、

$$u(r)=rR(r) \quad \left(R(r)=\frac{u(r)}{r}\right) \quad (10.57)$$

と置くと、さらに単純化されます。$R(r)=\frac{u(r)}{r}$ を動径方向のシュレーディンガー方程式 (10.56) に代入すると、第9章と同じように計算することにより r 微分の部分は簡単になり、

$$-\frac{\hbar^2}{2m}\frac{d^2u(r)}{dr^2}+\left(\frac{l(l+1)\hbar^2}{2mr^2}+V(r)\right)u(r)=Eu(r) \quad (10.58)$$

となります。これは1次元シュレーディンガー方程式において、

$$V(r) \to V(r)+\frac{l(l+1)\hbar^2}{2mr^2} \quad (10.59)$$

とおいた方程式と同じ方程式になっています。ここで $l(l+1)\hbar^2$ は角運動量の2乗ですから、$\frac{l(l+1)\hbar^2}{2mr^2}$ は第5章で学んだ式 (5.41) の遠心ポテンシャルに相当します。

このようにしてボーアのモデルで角運動量が出てきたのと同様に、動径方向のシュレーディンガー方程式の中にも角運動量が出てきました。以上の結果をまとめると次のようになります。

> **球対称ポテンシャル$V(r)$の下での極座標シュレーディンガー方程式**
>
> 球対称なポテンシャル$V(r)$の下では波動関数は、
>
> $$\varphi(r,\theta,\phi) = R(r)Y_{lm}(\theta,\phi) = \frac{u(r)}{r}Y_{lm}(\theta,\phi) \quad (10.60)$$
>
> と動径r方向、角度θ,ϕ方向の波に変数分離できる。ここで角度方向の波は球面調和関数$Y_{lm}(\theta,\phi)$である。つまり、角度成分は角運動量の固有関数になっている。動径方向の波動関数$R(r)$はシュレーディンガー方程式、
>
> $$\left(-\frac{\hbar^2}{2m}\frac{\partial^2}{\partial r^2} + \frac{2}{r}\frac{\partial}{\partial r} + \frac{l(l+1)\hbar^2}{2mr^2} + V(r)\right)R(r) = ER(r) \quad (10.61)$$
>
> から求まる。$u(r) = rR(r)$を使うと、
>
> $$\left(-\frac{\hbar^2}{2m}\frac{d^2}{dr^2} + \frac{l(l+1)\hbar^2}{2mr^2} + V(r)\right)u(r) = Eu(r) \quad (10.62)$$
>
> となり、1次元シュレーディンガー方程式とたいへんよく似た形になる。

さて、このシュレーディンガー方程式 (10.61) をみると、式 (10.61) に出てくる角運動量lは式 (10.54)、(10.40a) をみたすので式 (10.40c) にあるように$l = 0, 1, 2, \cdots$の整数です。つまり角運動量は$0, \hbar, 2\hbar, 3\hbar \cdots$です。これは結果的にボーアの量子化条件の式(10.1)の角運動量$= n\frac{\hbar}{2\pi} = n\hbar$と大変良く似ていることを確認しましょう。

10.3 極座標シュレーディンガー方程式の解の大まかな様子

極座標シュレーディンガー方程式の具体的な解(波動関数)は次章で学びますが、その前にここでは大まかな解の様子を理解しておきましょう。

❖動径波動関数の大まかな様子

まず、動径波動関数の大まかな様子を理解しておきましょう。一番簡単な例は無限に深い球対称井戸型ポテンシャルです。

$$V(r) = \begin{cases} 0 & (r<a \quad 領域1) \\ \infty & (r>a \quad 領域2) \end{cases} \tag{10.63}$$

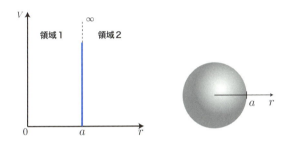

図10.5 球対称な井戸型ポテンシャル

この問題をきちんと解くことは第11章で行いますが、ここではこのポテンシャルを使って大まかな解の様子を理解しましょう。

1次元の場合と比較しやすい$u(r)$に注目しましょう。図の領域1で$u(r)$の満たす方程式は、

$$\left(-\frac{\hbar^2}{2m}\frac{d^2}{dr^2} + \frac{l(l+1)\hbar^2}{2mr^2}\right)u(r) = Eu(r) \tag{10.64}$$

です。1次元シュレーディンガー方程式の場合と同じように基底状態、励起状態があり、それらの状態をnで区別するとエネルギーE_n、動径方向の波動関数$u_n(r)$($R_n(r)$)と書けます。ただし、方程式（10.64）に角運動量lがあるので、角運動量lそれぞれに対してもエネルギーE_n、動径方向の波動関数$u_n(r)$($R_n(r)$)がそれぞれ求まります。よって$u_n(r), E_n$はさらにlも加えて$u_{nl}(r), E_{nl}$と書くことができます。

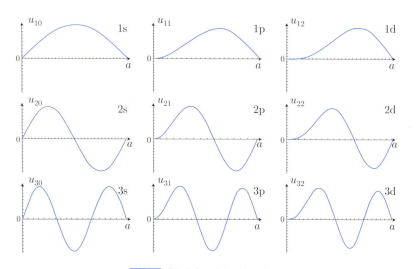

図10.6 動径方向の波動関数 $u_{nl}(r)$ の例

例えば図10.6には角運動量 $l = 0, 1, 2$(s, p, d波) それぞれの波動関数 u_{nl} の例がいくつか描かれています[*2]。左には $l = 0$ のs波の場合が描かれています。u_{10}, u_{20}, u_{30} を1s, 2s, 3sと書いています。同様に $l = 1$ の場合、u_{11}, u_{21}, u_{31} を1p, 2p, 3pと書き、$l = 2$ の場合、u_{12}, u_{22}, u_{32} を1d, 2d, 3dと書いています。

1s, 2s, 3sとなるに従い、動径 r 方向の波の腹の数も1, 2, 3個と増えていきます。これは $l = 1$ のp波の場合（中央の図）や $l = 2$ のd波の場合（右の図）も同じです。この1, 2, 3,…の値は u_{nl} の n の値なので、n を**動径方向の量子数**といいます。n が大きくなるにつれて図10.6より動径方向の波動関数 $u_{nl}(r)$ $(= rR_{nl}(r))$ の節が増えています。

$u_{nl}(r)$ の別の特徴として図10.6の右側の図ほど、つまり角運動量がs, p, dと大きくなるほど、$u_{nl}(r)$ は外側に押し出されていることがわかります。これは、図5.5の遠心ポテンシャル、

$$\frac{l(l+1)\hbar^2}{2mr^2} \tag{10.65}$$

[*2] 実はこの波動関数は、次の章で説明する無限に深い井戸型ポテンシャルの場合である。

のため、角運動量が大きいほど原点付近における遠心ポテンシャルが大きくなるため波動関数が原点付近に存在しにくくなるためです。

❖波動関数の大まかな様子と縮退

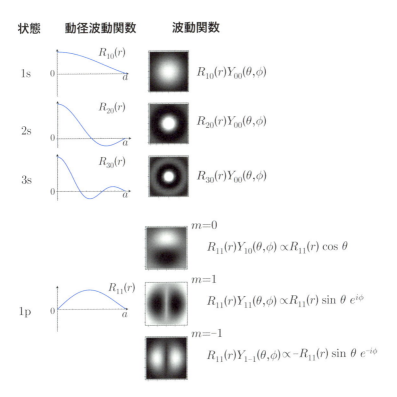

図10.7 動径方向の波動関数 $R_{nl}(r)$ のグラフと $R_{nl}(r)Y_{lm}$ のグラフ（$y=0$ 平面）
Y_{lm} の具体的な形は式（10.36）を参照のこと。

動径波動関数 $u(r)$ の大まかな様子を見たので、今度は角度も含めた波動関数 $\varphi(r, \theta, \phi)$ の様子を見ていきましょう。図には1s, 2s, 3s, 1p状態について、動径波動関数 $R_{nl} = \frac{u_{nl}(r)}{r}$ のグラフと、角度方向の波 Y_{lm} も含めた波動関数 $\varphi(r, \theta, \phi) = R_{nl}(r)Y_{lm}(\theta, \phi)$ のグラフを第9章のs波の場合と同様に $y=0$ 平面から見た図が描かれています。

▶s波の場合

s波の場合、$Y_{00}(\theta, \phi) = \frac{1}{\sqrt{4\pi}}$ で定数ですから、$\varphi_{n0}(r, \theta, \phi) = R_{n0}(r)Y_{00}(\theta, \phi)$ は1s, 2s, 3sの右図のように球対称な図になっています。また原点付近の動径波動関数 $R_{n0}(r)$ に注目すると、s波は原点で波動関数 R_{n0} がゼロではない有限の値になっています。これの理由は第9章図9.7と同じです。

また、1s, 2s, 3sとなるにつれて節の数が増えています。

▶p波の場合

今度はp波の場合を見てみましょう。1p状態、つまり $\varphi_{11}(r, \theta, \phi) = R_{11}(r)Y_{1m}(\theta, \phi)$ の場合を見てみます。まず、1p波の動径波動関数 $R_{11}(r)$ は $r=0$ でゼロになっています。これは原点で有限の値を持つs波とは異なる結果です。p波が原点で0となる理由は、物理的には遠心ポテンシャル $\frac{1 \cdot 2\hbar^2}{2mr^2}$ のため、原点 $r=0$ に近づくほど遠心ポテンシャルの値 $\frac{1 \cdot 2\hbar^2}{2mr^2}$ が大きくなり波動関数が入り込みにくくなるためです。

次に右図の角度方向の波 $Y_{1m}(\theta, \phi)$ も含めた波動関数 $\varphi_{11}(r, \theta, \phi) = R_{11}(r)Y_{lm}(\theta, \phi)$ を考えてみましょう。すると角運動量 $l=1$ の場合は磁気量子数、つまり角運動量の z 成分に関連した m は $1, 0, -1$ の3通りあることから、波動関数は図のように $R_{10}(r)Y_{11}(\theta, \phi)$, $R_{10}(r)Y_{10}(\theta, \phi)$, $R_{10}(r)Y_{1-1}(\theta, \phi)$ の3通りあることになります。

これら3つの状態のエネルギーは全て $E_{n1} = E_{11}$ であり、エネルギー E_{nl} は n, l で決まり m に依存しないことから、エネルギーは $m = 1, 0, -1$ で同じ、つまり**3重に縮退しています。**また、p波の場合は、図から波動関数が球対称になっていないことも確認しておきましょう。

一般に球対称ポテンシャル $V(r)$ の解 $R_{nl}(r)Y_{lm}(\theta, \phi)$ において、角運動量の z 成分に関連した m は $-l$ から l までの $(2l+1)$ 通りあることから、エネルギー E_{nl} を持つ状態は $2l+1$ 個の状態 $R_{nl}Y_{l-l}$, $\cdots$, $R_{nl}Y_{00}$, $\cdots$, $R_{nl}Y_{ll}$ があります。つまり $2l+1$ 重に縮退しています。

 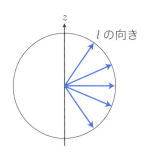

球対称ポテンシャル

図10.8 ポテンシャルが球対称であれば、角運動量の向き（z成分）によってエネルギーは変化しないので縮退することがある

　このように同じエネルギーE_{nl}に角運動量の向き（z成分）が変わった$2l+1$個の状態がある物理的な理由は、図10.8のようにポテンシャルが球対称であるため、角運動量の向き（z成分）が変わってもエネルギーは変わらないためです。

球対称ポテンシャルにおける波動関数の縮退度

　対称ポテンシャル$V(r)$におけるシュレーディンガー方程式の解は角運動量lを使って
- エネルギーは動径方向の量子数nと角運動量lの関数E_{nl}として書ける。
- 波動関数は$R_{nl}(r)Y_{lm}(\theta, \phi)$とおけるが、角運動量の$z$成分と関連した$m$は$m=-l,\cdots, 0,\cdots, l$の$2l+1$通りあるのでエネルギーは$2l+1$重に縮退している。

確認問題 $l=2$の場合の縮退度を求めなさい。

答え $2l+1=2\cdot 2+1=5$で5重に縮退している。具体的には$m=-2, -1, 0, 1, 2$の5通り。

❖エネルギーの大まかな様子

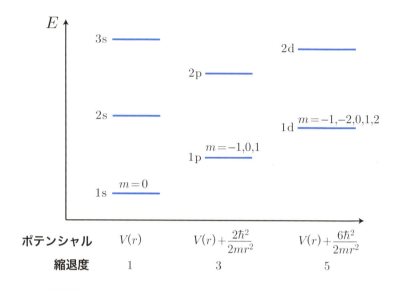

図10.9 s, p, d軌道の大まかなエネルギーと縮退度

　図はエネルギーE_{nl}の大まかな様子です。復習のため各エネルギーE_{nl}の縮退度も載せました。s波の場合、1s, 2s, 3s, …となるに従いエネルギーは大きくなります。一方でp波, d波のエネルギーは遠心ポテンシャル$\frac{l(l+1)\hbar^2}{2mr^2}$のため、1pは1sのエネルギーより大きく、1dは1pより大きなエネルギーになっています。それでは遠心ポテンシャルの影響を受けてエネルギーは具体的にどれくらい大きくなるのでしょうか？

　どれくらい具体的に大きくなるかはポテンシャル$V(r)$によって変わってきます。図では1pのエネルギーは2sより低い所にありますが、ポテンシャルによっては1pと2sが同じエネルギーになるケースもあります[*3]。この辺の具体例は第11章で学びます。

[*3] 水素原子型（クーロン型）の場合など。

章末確認問題

1. 空欄を穴埋めし、正しいものを選べ。
   球面調和関数 Y_{lm} は角運動量の_____の固有関数であり、その固有値は_____$\hbar^2$である。また、角運動量の（ア．x成分　イ．y成分　ウ．z成分）の固有関数でもあり、その固有値は_____$\hbar$である。
2. 球対称ポテンシャル $V(r)$ における動径方向シュレーディンガー方程式を書け。
3. 球対称ポテンシャル $V(r)$ における極座標3次元シュレーディンガー方程式の解はどのように表されるか？
4. $l=3$ のときの縮退度を求めよ。

第 **11** 章

代表的なポテンシャルと 3次元シュレーディンガー方程式の解

　本章では代表的なポテンシャルと3次元シュレーディンガー方程式の解を学びます。具体的には自由粒子 $V(r)=0$ の場合、無限に深い井戸型ポテンシャル、有限の深さの井戸型ポテンシャル並びにクーロンポテンシャルの場合の解の様子を学びます。また、これらの解を利用して原子核ならびに原子のしくみを学びます。

11.1 自由粒子の解

❖自由粒子の問題と角運動量0（s波）の場合

$V(r)=0$ の場合の波は？

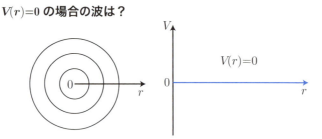

図11.1 力が働かない自由粒子の場合、動径方向の波はどうなる？

　角運動量$l \neq 0$の場合の代表的なポテンシャルとして図11.1右図のような力が働かない自由粒子（$V=0$）のポテンシャルがあります。それでは$V=0$の場合、動径r方向の波（図11.1左図）は具体的にどうなるのでしょう？

　$l=0$の場合はすでに第9章で解いています。角運動量$l=0$の場合、$V(r)=0$のシュレーディンガー方程式の解の波は$u=rR(r)$として式(9.51)(9.52)を参考にすると、一般に三角関数$\sin, \cos$を使って、

$$u(r) = A\sin kr + B\cos kr \tag{11.1}$$

と$k=\frac{\sqrt{2mE}}{\hbar}$の形に書けるのでした。これは$R(r)$で書くと、

$$R(r) = A\frac{\sin kr}{r} + B\frac{\cos kr}{r} \tag{11.2}$$

となります*¹。つまり、$l=0$の場合の動径方向の波動関数は$\frac{\sin kr}{r}$と$\frac{\cos kr}{r}$で表されたのでした。

---

*1 ただし、$\frac{\cos kr}{r}$は$r=0$で発散するので、原点を含む場合は$\frac{\cos kr}{r}$は除かれる。

❖一般の自由粒子の解を漸化式から求めよう

それでは角運動量$l \neq 0$の場合の動径波動関数はどうなるのでしょう？

実はこれから以下に示しますが、$l=0$の場合の動径波動関数（11.2）がわかれば$l \neq 0$の場合の動径波動関数も求まることが知られているのです。

それでは早速$l \neq 0$の場合の動径波動関数を調べてみましょう。まず、角運動量lの動径波動関数をR_lと書きます。これから求めるのはこの動径方向の波動関数R_lです。すると$V(r)=0$の動径方向のシュレーディンガー方程式は、

$$-\frac{\hbar^2}{2m}\left(\frac{d^2}{dr^2} + \frac{2}{r}\frac{d}{dr}\right)R_l + \frac{\hbar^2}{2m}\frac{l(l+1)}{r^2}R_l = ER_l \quad (11.3)$$

ですが、見やすくするために$E, m, \hbar$などがある方程式を次のようにして無次元化していきます。まず、両辺をEで割ってまとめると、

$$\left(\frac{\hbar^2}{2mE}\frac{d^2}{dr^2} + \frac{\hbar^2}{2mE}\frac{2}{r}\frac{d}{dr} + 1 - \frac{\hbar^2}{2mE}\frac{l(l+1)}{r^2}\right)R_l = 0 \quad (11.4)$$

となるので、

$$x = \frac{\sqrt{2mE}}{\hbar}r = kr \quad (11.5)$$

とおくと、

$$\left(\frac{d^2}{dx^2} + \frac{2}{x}\frac{d}{dx} + 1 - \frac{l(l+1)}{x^2}\right)R_l = 0 \quad (11.6)$$

となり、方程式の中に物理定数のない無次元化された方程式ができました。ここで天下り的ですが、R_lは以下のようにして求まることが知られています。

> ### 極座標の自由粒子の解の求め方
>
> 自由粒子の解 $R_l(x)$ は漸化式、
>
> $$R_{l+1}(x) = x^l \frac{d}{dx}(x^{-l} R_l(x)) \tag{11.7}$$
>
> を満たすことが知られている。ただし $x = \frac{\sqrt{2mE}}{\hbar} r = kr$ である。$l=0$ の場合の $R_0(x)$ は $A \frac{\sin x}{x}$ と $B \frac{\cos x}{x}$ なので漸化式（11.7）を用いることにより $R_1(x)$ が求まり、さらにこの漸化式を使うと $R_2(x), R_3(x), \cdots$ が求まり、同様にして次々と $R_l(x)$ が求まる。

つまり、すでに求めた式（11.2）から求まる R_0 と漸化式（11.7）から R_l を求めるのです。それでは漸化式（11.7）を導いてみましょう。漸化式の微分される関数に着目して、

$$f_l(x) = x^{-l} R_l(x) \tag{11.8}$$

とおいてみましょう。$R_l(x) = f_l(x) x^l$ を無次元化されたシュレーディンガー方程式に代入すると簡単な計算より、

$$\left(\frac{d^2}{dx^2} + \frac{2(l+1)}{x} \frac{d}{dx} + 1 \right) f_l(x) = 0 \tag{11.9}$$

となります。ここで漸化式に微分があることから同様に両辺を微分すると、

$$\left(\frac{d^2}{dx^2} + \frac{2(l+1)}{x} \frac{d}{dx} + 1 - \frac{2(l+1)}{x^2} \right) \frac{df_l(x)}{dx} = 0 \tag{11.10}$$

となります。ここでさらに

$$g_l(x) = \frac{1}{x} \frac{df_l(x)}{dx} \tag{11.11}$$

とおいてみましょう。すると $\frac{df_l(x)}{dx} = x g_l(x)$ となるのでこれを代入すると、

$$\left(\frac{d^2}{dx^2} + \frac{2(l+2)}{x}\frac{d}{dx} + 1\right)g_l(x) = 0 \tag{11.12}$$

となります。この式は $f_l(x)$ の満たす式（11.9）とたいへんよく似ています。つまり、式（11.12）と、式（11.9）で $l+1$ と置いた式、

$$\left(\frac{d^2}{dx^2} + \frac{2(l+2)}{x}\frac{d}{dx} + 1\right)f_{l+1}(x) = 0 \tag{11.13}$$

を比較すると、

$$f_{l+1}(x) = g_l(x) \tag{11.14}$$

を満たすことがわかります。これで漸化式らしきものが出てきました。よって $g_l(x)$ を式（11.11）を使って $f_l(x)$ で書くと、

$$f_{l+1}(x) = \frac{1}{x}\frac{d}{dx}f_l(x) \tag{11.15}$$

となり、結局 $f_l(x)$ から $f_{l+1}(x)$ が求まることがわかりました。

ここから式（11.8）を使って f を動径波動関数 R で書くと、

$$R_{l+1}(x) = x^l \frac{d}{dx}(x^{-l}R_l(x)) \tag{11.16}$$

となります。このようにして $R_l(x)$ から $R_{l+1}(x)$ が求まる漸化式（11.7）が導かれました。

❖漸化式から $l=1$ の波動関数を求めてみよう

それでは漸化式（11.7）を使って具体的に自由粒子の動径波動関数を求めてみましょう。$R_0(x) = A\frac{\sin x}{x} + B\frac{\cos x}{x}$ ですが、$R_0(x) = A\frac{\sin x}{x}$ とおくと、

$$R_1(x) = \frac{d}{dx}(R_0(x)) = \frac{d}{dx}(A\frac{\sin x}{x}) = A\frac{x\cos x - \sin x}{x^2} \tag{11.17}$$

$R_0 = B\frac{\cos x}{x}$ とおくと、

$$R_1(x) = \frac{d}{dx}(R_0(x)) = \frac{d}{dx}\left(B\frac{\cos x}{x}\right) = B\frac{-x\sin x - \cos x}{x^2} \quad (11.18)$$

と求まります。同じようにして $R_2(x), R_3(x), \cdots$ が求まります。

❖自由粒子の解　球ベッセル関数、球ノイマン関数

実際には以上で求めた R_l を次のように少し変形した関数が使われます。つまり、角運動量 l を持った自由粒子の動径波動関数 $R_l(x)$ として、以下の**球ベッセル関数** $j_l(x)$ と**球ノイマン関数** $n_l(x)$ とよばれる関数がしばしば使われます。

▶球ベッセル関数 $j_l(x)$

$R_0(x) = j_0(x) = A\frac{\sin x}{x} = \frac{\sin x}{x}$ として、漸化式 (11.7) を使って $R_1(x), R_2(x), \cdots, R_l(x)$ を求め、最後に $(-1)^{-l}$ をかけたものです。

▶球ノイマン関数 $n_l(x)$

$R_0(x) = n_0(x) = B\frac{\cos x}{x} = -\frac{\cos x}{x}$ として[*2]、漸化式 (11.7) を使って $R_1(x), R_2(x), \cdots, R_l(x)$ を求め、最後に $(-1)^{-l}$ をかけたものです。

以上から $l=0$ でない場合も含めて自由粒子の動径波動関数 R_l は $x = kr = \frac{\sqrt{2mE}}{\hbar}r$ とおき、球ベッセル関数 $j_l(x)$ と球ノイマン関数 $n_l(x)$ とよばれる関数を用いて、

$$R_l(x) = A j_l(x) + B n_l(x) \quad (11.19)$$

と書けることがわかりました。$j_l(x)$、$n_l(x)$ は l が小さい場合、

[*2] $\frac{\cos x}{x}$ でなく、(-1) がかかった $\frac{-\cos x}{x}$ になっている。

$$\begin{cases} j_0(x) = \dfrac{\sin x}{x} & \text{(11.20a)} \\[2mm] j_1(x) = \dfrac{\sin x}{x^2} - \dfrac{\cos x}{x} & \text{(11.20b)} \\[2mm] j_2(x) = \left(\dfrac{3}{x^3} - \dfrac{1}{x}\right)\sin x - \dfrac{3\cos x}{x^2} & \text{(11.20c)} \\[2mm] n_0(x) = -\dfrac{\cos x}{x} & \text{(11.20d)} \\[2mm] n_1(x) = -\dfrac{\cos x}{x^2} - \dfrac{\sin x}{x} & \text{(11.20e)} \\[2mm] n_2(x) = -\left(\dfrac{3}{x^3} - \dfrac{1}{x}\right)\cos x - \dfrac{3\sin x}{x^2} & \text{(11.20f)} \end{cases}$$

となります。

s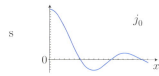

p

図11.2 いくつかの球ベッセル関数 $j_0(x), j_1(x), j_2(x)$、球ノイマン関数 $n_0(x), n_1(x), n_2(x)$ の様子

球ベッセル関数 $j_l(x)$ と球ノイマン関数 $n_l(x)$ のいくつかのグラフは図11.2のようになります。図で上から下へs, p, dと角運動量が大きくなるほど波動関数が外側に押し出されていることがわかります。これは、動径波動関数が遠心ポテンシャル $\frac{l(l+1)\hbar^2}{2mr^2}$ によって外側に押し出されるためです。

❖ 原点付近、無限遠における波動関数の様子

波動関数を決定する際、境界条件が重要であることは本書で度々学びました。そこで、球ベッセル関数、球ノイマン関数の原点付近 ($x \approx 0$) における振る舞いを学んでおきましょう。図11.2を見ると、$x \approx 0$ 付近では $n_l(x)$ はマイナス無限大に発散していることがわかります。一方 $j_l(x)$ の場合は、$j_0(0)$ のときは有限の値になっており、$l \neq 0$ のときは $j_l(x) \to 0 (x \to 0)$ となっています。後述で証明しますが、一般に球ベッセル関数 $j_l(x)$ は原点付近で A を定数として、

$$j_l(x) \approx A x^l \quad (x \to 0) \tag{11.21}$$

となることが知られています。一方で球ノイマン関数 $n_l(x)$ は $n_l(x) \approx -B x^{-l-1} (x \to 0)$ と発散することが知られています。ここで A, B は定数です。

また、無限遠 $x \to \infty$ における振る舞いは、

$$j_l(x) \to \frac{\sin(\rho - \frac{l\pi}{2})}{\rho}, \quad n_l(x) \to -\frac{\cos(\rho - \frac{l\pi}{2})}{\rho} \tag{11.22}$$

になることが知られています。ここでは式 (11.22) が単純な三角関数になることを押さえておきましょう。

❖最終的な自由粒子の波動関数

自由粒子の動径方向の波動関数の一般解 $R_l(x)$ は $j_l(x), n_l(x)$ を用いて

$$R_l(x) = A j_l(x) + B n_l(x) \tag{11.23}$$

と表されます。ここで波動関数は原点付近で発散しないことを考慮すると[*3]、原点を含む場合は $B = 0$ となり、

$$R_l(x) = A j_l(x) \tag{11.24}$$

となります。角度方向の波動関数は球面調和関数 $Y_{lm}(\theta, \phi)$ なので、このときの自由粒子の波動関数は、

$$\varphi(r, \theta, \phi) = A j_l(r) Y_{lm}(\theta, \phi) \tag{11.25}$$

となります。

確認問題 $x \to 0$ の場合、$j_l(x) = A x^l$ がシュレーディンガー方程式を満たすことを確かめましょう。

答え $r \to 0$ ではシュレーディンガー方程式において $\frac{1}{r^2}$ のポテンシャルの項が大きくなるので、シュレーディンガー方程式(11.3)は、

$$\frac{d^2 R(r)}{dr^2} + \frac{2}{r} \frac{dR(r)}{dr} = \frac{l(l+1)}{r^2} R(r) \tag{11.26}$$

となる。ここで $R(r) = A r^l$ を代入すると

$$\begin{aligned}
\frac{d^2 R(r)}{dr^2} + \frac{2}{r} \frac{dR(r)}{dr} &= l(l-1) A r^{l-2} + \frac{2}{r} l A r^{l-1} \\
&= (l(l-1) + 2l) A r^{l-2} \\
&= \frac{l(l+1)}{r^2} R(r) \tag{11.27}
\end{aligned}$$

[*3] 原点付近で発散すると、原点で粒子を見い出す確率が無限大に発散するので矛盾する。

となるので、$R(r) = Ar^l$ はシュレーディンガー方程式を満たす。よって式 (11.21) が確かめられた。

11.2 無限に深い井戸型ポテンシャルの解

3次元シュレーディンガー方程式の簡単なもう1つの例は、第9章と同様にやはり無限に深い球対称井戸型ポテンシャルの例です。今、

$$V(r) = \begin{cases} 0 & (r < a \quad \text{領域}1) \\ \infty & (r > a \quad \text{領域}2) \end{cases} \tag{11.28}$$

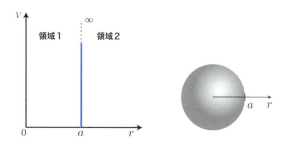

図11.3 球対称な井戸型ポテンシャル

なる半径 a の無限に深い井戸型ポテンシャルを考えましょう。

領域1ではポテンシャルは一定ですから、自由粒子の解が使えます。動径波動関数は $k = \frac{\sqrt{2mE}}{\hbar}$ として球ベッセル関数 $j_l(kr)$、球ノイマン関数 $n_l(kr)$ を使って一般に、

$$R_l(kr) = A j_l(kr) + B n_l(kr) \tag{11.29}$$

と書けますが、球ノイマン関数 $n_l(kr)$ は原点で発散するので除かれます。つまり $B = 0$ となり、領域1の動径波動関数は、

$$R_l(kr) = A j_l(kr) \tag{11.30}$$

となります。

　エネルギーは1次元の無限に深い井戸型ポテンシャルの場合と同様、$r=a$ での境界条件から以下のように求まります。領域2でのポテンシャルが ∞ なので、境界条件は $r=a$ での波動関数はゼロ、つまり $R_l(ka) = A j_l(ka) = 0$ となります。ここから k が求まると、$k = \frac{\sqrt{2mE}}{\hbar}$ から $E = \frac{\hbar^2 k^2}{2m}$ とエネルギーが求まります。

　k を決定する境界条件の式 $j_l(ka)=0$ を満たす ka の値、つまり j_l のゼロ点は数値計算によって求めることができます。その結果が次の表です[*4]。

角運動量 l	1番目のゼロ点	2番目のゼロ点	3番目のゼロ点
0 (s)	3.14 (1s)	6.28 (2s)	9.42 (3s)
1 (p)	4.49 (1p)	7.73 (2p)	10.90 (3p)
2 (d)	5.76 (1d)	9.10 (2d)	12.32 (3d)
3 (f)	6.99 (1f)	10.42 (2f)	13.70 (3f)
4 (g)	8.18 (1g)	11.70 (2g)	15.04 (3g)
5 (h)	9.36 (1h)	12.96 (2h)	16.35 (3h)

表11.1 $j_l(\rho_0) = 0$ を満たす ρ_0 の値の表

　ゼロ点の値を $ka = \rho_0$ とすると、$E = \frac{\hbar^2 k^2}{2m} = \frac{\hbar^2 (ka)^2}{2ma^2} = \frac{\hbar^2 (\rho_0)^2}{2ma^2}$ とエネルギーが求まります。表から例えばs状態の1番目のゼロ点は3.14ですから、エネルギーは $\frac{\hbar^2 (3.14)^2}{2ma^2}$ となります。$E = \frac{\hbar^2 (\rho_0)^2}{2ma^2}$ から、エネルギーの大きさの順番は表のゼロ点 ρ_0 の大きさの順番と同じになります。すると表から ρ_0 は小さい順に 3.14, 4.49, 5.76, 6.28, 6.99, 7.73, … ですが、これは 1s, 1p, 1d, 2s, 1f, 2p, … に対応するので、エネルギーも同じく小さい順に 1s, 1p, 1d, 2s, 1f, 2p, … となっていることがわかります。

[*4] mathematicaなどの数式ソフトを使うと簡単に求まる。

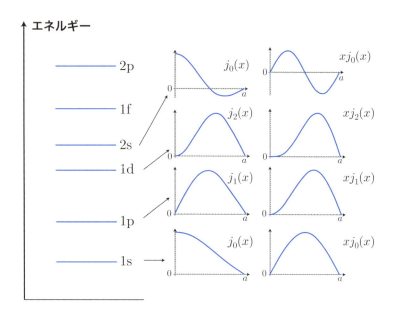

図11.4 無限に深い井戸型ポテンシャルのエネルギーと波動関数

　図11.4にはエネルギーの順番の様子と、そのときの波動関数の様子を載せてあります。また、1次元シュレーディンガー方程式と比較しやすい $xR_l(x) = xj_l(x)$ のグラフも載せてあります。1s, 1p, 1d は腹が1個、2s は腹が2個あります。1s, 2s のエネルギーの間に 1p, 1d のエネルギーがあること、2s のエネルギー上に 1f, 2p のエネルギーがあることを押さえておきましょう。

確認問題 2p軌道のエネルギーの1つ上のエネルギーの状態を表11.1から求めましょう。

答え 表より 1g。

11.3 電子スピンと多体問題

　本章ではこれまで球対称ポテンシャルの下での3次元シュレーディンガー方程式をいくつか解いてきました。この後、より具体的な例として原子核と原子のしくみを3次元シュレーディンガー方程式の立場から紹介しますが、そのための準備として2つの話題を説明しましょう。1つは**スピン**とよばれる量について、もう1つは**多体問題**とよばれる粒子が複数ある場合の扱い方についての話題です。

❖磁石の正体と電子スピン

　私達の身近には磁石とよばれるものがあります。磁石はどのような原理で磁石になるのでしょう？

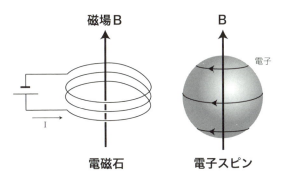

図11.5 電磁石と電子スピン

　磁石の作り方の1つとして、私達は小学校で電磁石なるものを学びました。図のように、コイルを釘などの周りにぐるぐる巻いて電流を流してやると、電磁石ができるのです。
　それでは磁石、例えば鉄の磁石はどのようなしくみでできているのでしょう？　それは鉄の中の電子が重要な役割を演じます。電子は電子自身が

スピンとよばれる角運動量を持っています。これは、正確ではありませんが直感的には図11.5のように電子がくるくる回転している様子を思い浮かべると良いでしょう。すると電子は電気を持っているのでくるくる回転することにより回転する電流が生まれ、電磁石のように磁石になることができます。このように電子は電子自身がスピンという角運動量を持つことにより、1個1個の電子が磁石のように磁場を持つのです。

普通の物質では電子はさまざまな方向を向くためこの電子のスピン由来の磁場によって磁石はできませんが、鉄の場合はこのスピンの向きがそろうために磁石ができます。

❖スピンの実証：シュテルン-ゲルラッハ（Stern-Gerlach）の実験

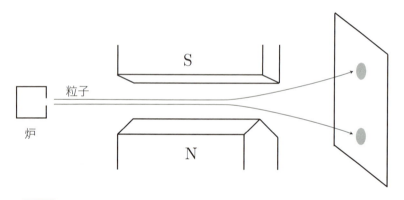

図11.6 磁場の中を磁石が通ると？　シュテルン-ゲルラッハ（Stern-Gerlach）の実験

電子自身がスピンという角運動量を持つとして、その角運動量の値はいくつでしょう？　スピンに関する実験として、シュテルンとゲルラッハによる**シュテルン-ゲルラッハ（Stern-Gerlach）の実験**が知られています。この実験では図のように熱せられた銀原子を不均一な磁場に通すと、2通りに分離されたのです。

これは、銀原子の角運動量のz成分が上向きと下向きの2通りであるとするとうまく説明できます。不均一な磁場の下では、銀原子の角運動量の向き（z成分）によって受ける力が異なるので、銀原子の角運動量の向き

(z成分)ごとに分離されます。ここで角運動量の大きさを$j\hbar$と書くと、そのz成分は$2j+1$通りあることを第10章の最後の節の「球対称ポテンシャルにおける波動関数の縮退度」で学びました。すると銀原子の角運動量のz成分が上向きと下向きの2通りあることから、

$$2j+1 = 2 \tag{11.31}$$

が成り立ちます。これを解くと$j=\frac{1}{2}$ですから銀原子全体の角運動量$j\hbar$が求まり、その値はなんと$\frac{1}{2}\hbar$となります(整数でないことに注意!)。この$\frac{1}{2}\hbar$の角運動量は電子によるものです。この現象は電子が電子スピンとよばれる大きさ$\frac{1}{2}\hbar$の角運動量を持ち、そのz成分は$\frac{1}{2}\hbar$と$-\frac{1}{2}\hbar$であるとするとうまく説明できると解釈されています[*5]。

電子スピンはしばしばz成分$\frac{1}{2}$の状態をスピン上向きなどといい、$\begin{pmatrix}1\\0\end{pmatrix}$や$|\uparrow\rangle$などと書きます。しばしば$z$成分$-\frac{1}{2}$の状態をスピン下向きなどといい、$\begin{pmatrix}0\\1\end{pmatrix}$や$|\downarrow\rangle$などと書きます。

また、電子はそれ自身が角運動量$\frac{1}{2}\hbar$の電子スピンを持つことを紹介しましたが、同じように陽子、中性子もそれ自身が角運動量$\frac{1}{2}$のスピンを持つことが知られています。電子や陽子それ自身が持つ角運動量であるスピンに対して、これまでに出てきた角運動量を**軌道角運動量**といいます。しばしばスピンをs、軌道角運動量をlと書きます。

> **電子、陽子、中性子のスピン**
>
> 電子、陽子、中性子はスピンとよばれる$\frac{1}{2}\hbar$の角運動量を持つ。

❖多電子系の1粒子ポテンシャル近似

水素原子の原子核の周りを回る電子が感じるポテンシャルはクーロンポテンシャル、

[*5] 図10.3のように角運動量の大きさ$l\hbar$とは正確には$\sqrt{l(l+1)}\hbar$であったように、電子スピンの大きさ$\frac{1}{2}\hbar$とは正確には$\sqrt{\frac{1}{2}(\frac{1}{2}+1)}\hbar = \sqrt{\frac{3}{4}}\hbar = \frac{\sqrt{3}}{2}\hbar$である。ただし、しばしば電子スピンの大きさをきちんと議論するとき以外は$\frac{1}{2}\hbar$ですませることが多い。

$$V(r) = -\frac{e^2}{r} \tag{11.32}$$

でした。それでは他の原子、例えばヘリウム、リチウム、窒素、酸素（原子番号はそれぞれ2, 3, 7, 8）などの他の原子のしくみも同じように理解できるのでしょうか？

水素原子以外の原子では電子が複数あるので、電子同士に働く力も考慮する必要があります。例えばヘリウム原子は$2e$のプラスの電荷を持った原子核の周りに電子が2つ回っているので、シュレーディンガー方程式は原子核からの力に加えて2電子間に働くクーロンポテンシャルを考慮しなくてはならないので大変複雑になります。このように複数の粒子が相互に力を受けた場合の問題を**多体問題**といい、厳密に解くことが大変困難です。

そこでまずは出発点の近似として、電子同士に働く力は無視します。すると、電子は原子核からのクーロンポテンシャルのみを感じるので、水素原子の問題とほとんど同じになり簡単化されます。

原子番号Zの原子核は陽子がZ個あるので電荷はZeです。よって電子はクーロンポテンシャル、

$$V(r) = -Z\frac{e^2}{r} \tag{11.33}$$

のみを感じると近似として原子の構造を考えましょう。これを原子の1粒子ポテンシャル近似などといいます。

❖原子核の1粒子ポテンシャル近似

陽子が1個ある元素を水素、陽子が2個ある元素をヘリウムといいます。このように、陽子の数により元素の種類が決まります。原子核の陽子、中性子の満たすシュレーディンガー方程式は陽子・中性子間の力を全て考慮していくと大変複雑になります。しかし、原子核は近似として全体があたかも水滴の球のような形をしています。このような形を再現する近似として陽子、中性子は5章で学んだ有限の井戸型ポテンシャル、

$$V(r) = \begin{cases} -V_0 & (r < a \quad 領域1) \\ 0 & (r > a \quad 領域2) \end{cases} \tag{11.34}$$

を感じるとしましょう。さらに単純化して数学的に扱いやすい無限に深い井戸型ポテンシャル、

$$V(r) = \begin{cases} 0 & (r < a \quad \text{領域1}) \\ \infty & (r > a \quad \text{領域2}) \end{cases} \quad (11.35)$$

を原子核のモデルとして考えることもあります。これらを原子核の1粒子ポテンシャル近似などといいます。

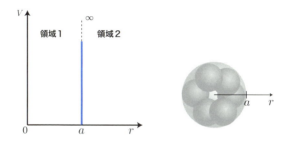

図11.7 球対称な井戸型ポテンシャルと原子核

ここで、質量数Aが大きくなるとポテンシャルの半径aは大きくなります。質量数Aとポテンシャルの半径aの関係は次のように見積もることができます。陽子、中性子を水滴のようなものと考えると、陽子、中性子の合計の数（これをしばしばAと書く）に応じてポテンシャルの球の体積が大きくなります。すると球の体積は球の半径の3乗に比例するので（球の体積＝$\frac{4}{3}\pi$半径^3）、$A \propto$ 球の体積＝$\frac{4}{3}\pi a^3$が成り立ちます。ここから球の半径aは$A^{1/3}$に比例することがわかります。つまり、$a \propto A^{1/3}$です。そこで比例定数をr_0として$a = r_0 A^{1/3}$となります。

❖ パウリの排他律とスピンを含めた縮退度

電子、陽子、中性子といった私達の身近な物質を形作る粒子は、**フェルミ粒子**、もしくは**フェルミオン**とよばれます。本書ではフェルミ粒子の詳細を説明することは省略しますが、ここではフェルミ粒子の重要な性質を

紹介しましょう。フェルミ粒子の重要な性質の1つは、

1つの状態に1つの粒子しか入ることができない

ことです[*6]。これを**パウリの排他律**といいます。

　電子、陽子、中性子からなる物質を考える場合、パウリの排他律により1つの状態に1つの粒子しか入れないので、何個の状態があるかを調べることがたいへん重要になります。例として、次の例題を考えましょう。

例題　球対称ポテンシャル$V(r)$においてスピンを考慮すると、軌道角運動量lの状態に入れる電子の数はいくつか？

　軌道角運動量lの縮退度は第10章で学んだように$2l+1$でした。さらに電子はスピン$\frac{1}{2}$を持ち、縮退度は$2s+1=2$つまりスピン上向きと下向きの2通りなので、合わせて$2(2l+1)$の縮退度を持ちます。そのため、パウリの排他律により$2(2l+1)$個の電子が入ることができます。

> **スピンを含めた縮退度とパウリの排他律**
>
> 　軌道角運動量lの状態の縮退度は$2l+1$であるが、スピンを含めると縮退度は$2(2l+1)$となる。この状態にはパウリの排他律を考慮すると、$2(2l+1)$個のフェルミ粒子(電子など)が入ることができる。

　例えば$l=0$(s)は2個、$l=1$(p)は6個、$l=2$(d)は10個までフェルミ粒子を入れることができます。

❖簡単な例：原子核の1粒子ポテンシャル近似

　本節ではスピン、パウリの排他律、多体問題の1粒子ポテンシャル近似を学びましたが、ここではその簡単な例を紹介しましょう。
　本章では無限に深い井戸型ポテンシャルの解を調べ、エネルギーの低い

[*6] これに対して光子のような粒子はボース粒子もしくはボソンとよばれ、1つの状態にいくつでも粒子が入ることができる。

順から1s, 1p, 1d,…軌道があることを学びました。原子核は簡単な1体ポテンシャル近似を使うと、エネルギーの低い軌道の順に陽子が詰まっていきます。例えば水素原子核は、図11.8のように1s軌道に陽子が1個詰まって作られています。

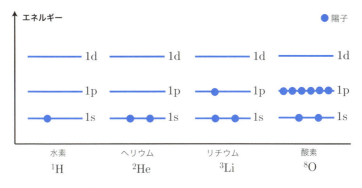

図11.8 ポテンシャルモデルによる原子核のしくみの解釈

　次にヘリウム原子核のしくみを考えましょう。ヘリウム原子核は陽子が2つあります。1s軌道はスピンを考慮すると縮退度は2です。そこで、図のようにヘリウム原子核は2つの陽子が1s軌道に入ります。

　リチウムは陽子が3個ある原子核ですが、パウリの排他律より1s軌道には2つしか陽子が入れません。そこで図のように1s軌道に陽子が2個、1p軌道に陽子が1個ある状態がリチウムになります。同様に酸素原子核は図のように1s軌道に2個、1p軌道に6個の陽子がある状態です。

　以上をまとめたものが次の表11.2です。さて、原子核の中でヘリウムや酸素は安定な原子核として知られています。何故これらの原子核は安定なのでしょう？　これは表11.2を見ると、ヘリウム原子核は1s、酸素は1s, 1pの軌道が完全に詰まった状態です。このように**軌道が完全に詰まった状態を閉殻といい、安定になることが知られています。**このようにしてポテンシャル、スピンを考慮すると、ヘリウム、酸素が安定な原子核である理由など、原子核の安定性に関する傾向が理解できるのです。

元素	原子番号 (陽子の数)	1s	1p	1d	...
水素 (H)	1	●			
ヘリウム (He)	2	●●			
リチウム (Li)	3	●●	●		
ベリリウム (Be)	4	●●	●●		
ホウ素 (B)	5	●●	●●●		
炭　素 (C)	6	●●	●●●●		
窒　素 (N)	7	●●	●●●●●		
酸　素 (O)	8	●●	●●●●●●		
フッ素 (F)	9	●●	●●●●●●	●	
ネオン (Ne)	10	●●	●●●●●●	●●	
ナトリウム (Na)	11	●●	●●●●●●	●●●	
マグネシウム (Mg)	12	●●	●●●●●●	●●●●	

表11.2 原子番号と陽子が入る状態（軌道）。●は陽子を表す

11.4 有限の深さの井戸型ポテンシャルの解

❖井戸型ポテンシャル内の動径波動関数

　次に有限の深さの井戸型ポテンシャルの場合の束縛状態を調べてみましょう。$l=0$ の場合は第9章で求めました。同じようにして $l\neq 0$ の場合も調べてみましょう。

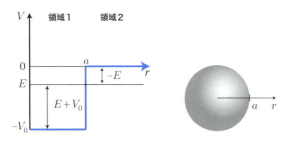

図11.9 球対称な井戸型ポテンシャル

$$V(r) = \begin{cases} -V_0 & (r < a \quad 領域1) \\ 0 & (r > a \quad 領域2) \end{cases} \tag{11.36}$$

まず、井戸型ポテンシャル内（領域1）の動径波動関数を調べましょう。領域1では11.1節のポテンシャルを $0 \to -V_0$ とずらしたものなので、式（11.5）で求まる $x = kr$ は

$$kr = \frac{\sqrt{2m(E+V_0)}}{\hbar} r \tag{11.37}$$

となります[*7]。この kr を使って動径波動関数は

$$R_l(r) = A j_l(kr) \tag{11.38}$$

となります。

❖井戸型ポテンシャルにおけるポテンシャル障壁中の動径波動関数と球ハンケル関数

それでは図11.9の領域2における動径波動関数はどうなるのでしょう？第9章の $l=0$ の場合、領域2の動径波動関数は、

[*7] $V_0 = 0$ とすると式（11.5）になる。

$$x = \rho r = \frac{\sqrt{2m(-E)}}{\hbar} r \tag{11.39}$$

を使って指数関数、

$$R_l(r) = A \frac{e^{-\rho r}}{\rho r} \tag{11.40}$$

でした*8。この領域2の指数関数$\frac{e^{-x}}{x}$は実は$j_0(x)$, $n_0(x)$と密接な関係があります。オイラーの公式$\cos x + i \sin x = e^{ix}$において、$x \to ix$とおくと、$\cos ix + i \sin ix = e^{i^2 x} = e^{-x}$と指数関数になります。これとの類推から$l = 0$の場合、$j_0(ix) + in_0(ix)$を計算すると、

$$\begin{aligned} j_0(ix) + in_0(ix) &= \frac{\sin ix}{ix} + i \frac{-\cos ix}{ix} \\ &= -\frac{\cos ix}{x} - i \frac{\sin ix}{x} \\ &= -\frac{(\cos ix + i \sin ix)}{x} = -\frac{e^{-x}}{x} \end{aligned}$$

と$j_0(x)$, $n_0(x)$からポテンシャル障壁中の波動関数である減衰する指数関数e^{-x}が出てきます。これとの類推から$l \neq 0$の場合も$j_l(x)$, $n_l(x)$を使って、

$$h_l^{(1)}(x) = j_l(x) + in_l(x) \tag{11.41}$$

を定義します。これは球ハンケル関数$h_l^{(1)}(x)$とよばれます。そして$x \to ix$と置いた$h_l^{(1)}(ix)$を計算すると、

$$\begin{cases} h_0^{(1)}(ix) = -\dfrac{e^{-x}}{x} & (11.42\text{a}) \\[2mm] h_1^{(1)}(ix) = i(\dfrac{1}{x} + \dfrac{1}{x^2})e^{-x} & (11.42\text{b}) \\[2mm] h_2^{(1)}(ix) = (\dfrac{1}{x} + \dfrac{3}{x^2} + \dfrac{3}{x^3})e^{-x} & (11.42\text{c}) \end{cases}$$

と減衰する指数関数e^{-x}が出てきます。

---

*8 ただし、第9章では$u = rR$で議論している。

領域2のシュレーディンガー方程式の解として$x \to \infty$で$\frac{e^{-x}}{x}$となる波動関数が領域2の動径波動関数となるので、領域2の波動関数はたった今求めた球ハンケル関数$h_l^{(1)}(ix) = h_l^{(1)}(i\rho r)$となります。

❖有限の深さの井戸型ポテンシャルの解

以上から領域1での波動関数は$Aj_l(kr)$、領域2での波動関数は$Bh_l^{(1)}(i\rho r)$と置けるので、領域1、2の境界$r = r_0$で波動関数が滑らかにつながる条件から、

$$Aj_l(kr_0) = Bh_l^{(1)}(i\rho r_0) \tag{11.43}$$

$$\frac{dAj_l(kr_0)}{dr} = \frac{dBh_l^{(1)}(i\rho r_0)}{dr} \tag{11.44}$$

が必要です。これをコンピュータなどで解くとエネルギーが求まります（$l = 0$の場合は第9章と同じになります）。エネルギーは大まかには次の図のようになります。

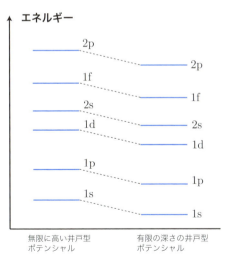

図11.10 無限に深い井戸型ポテンシャルのエネルギーと有限の深さの井戸型ポテンシャルにおけるエネルギー

有限の深さのポテンシャルになると、無限に深い井戸型ポテンシャルの場合よりも幾分波動関数が広がることができるので、少しエネルギーが下がります。しかし、大まかには無限に深い井戸型ポテンシャルと同じです。このポテンシャルの解も原子核のしくみを理解する上で利用されます。

11.5 水素原子

今度は水素原子の場合を調べてみましょう。

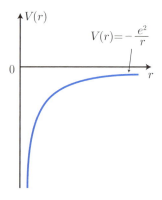

図11.11 水素原子ポテンシャル

水素原子のシュレーディンガー方程式は原子核（陽子1個）が作る図11.11のポテンシャル$-\frac{e^2}{r}$を用いると、

$$-\frac{\hbar^2}{2m}\left(\frac{d^2R(r)}{dr^2}+\frac{2}{r}\frac{dR(r)}{dr}\right)+\frac{l(l+1)\hbar^2}{2mr^2}R(r)-\frac{e^2}{r}R(r)=ER(r) \quad (11.45)$$

と表されます*9。この式を調べていきましょう。まず、この式の両辺に$-\frac{2m}{\hbar^2}$をかけると、

---

*9 本来はmとして、m_eを電子の質量、m_{nuc}を原子核の質量として換算質量$\mu=\frac{m_e m_{nuc}}{m_e+m_{nuc}}$を使うのが望ましい。本書では換算質量を省略しているが、換算質量を学んだことのある人は$m \to \mu$として考えるとよい。

$$\frac{d^2 R(r)}{dr^2} + \frac{2}{r}\frac{dR(r)}{dr} - \frac{l(l+1)}{r^2}R(r) + \left(\frac{2me^2}{\hbar^2}\frac{1}{r} + \frac{2mE}{\hbar^2}\right)R(r) = 0$$

(11.46)

となります。このシュレーディンガー方程式の束縛状態 $E<0$ を調べましょう。

❖動径波動関数の大まかな様子

まず、$r\to\infty$ での動径波動関数の様子を調べましょう。このとき、$\frac{1}{r}\approx 0$, $\frac{1}{r^2}\approx 0$ なので、

$$\frac{d^2 R(r)}{dr^2} \approx -\frac{2mE}{\hbar^2}R(r)$$

(11.47)

となります。よって $r\to\infty$ で $E<0$ としていることも考慮すると、$|E|=-E$ を使って

$$R(r) = e^{-\frac{\sqrt{2m|E|}}{\hbar}r}$$

(11.48)

となります。実際式 (11.48) を式 (11.47) に代入すると式 (11.47) が成り立ちます。一方で $r\to 0$ では式 (11.21) で学んだように遠心ポテンシャルが動径波動関数の振る舞いを決め、

$$R(r) = Ar^l$$

(11.49)

になります（A は定数）。

❖エネルギー固有値

水素原子のシュレーディンガー方程式から実際に動径波動関数の具体的な形を求めることは結構大変です。しかし、エネルギーや大まかな動径波動関数の様子を求めることは比較的簡単にできます。そこでここではまず、エネルギーを求めてみましょう。以下のように、エネルギーは動径波動関数を調べる過程で明らかになります。

式 (11.48) から、e の上に $\frac{\sqrt{2m|E|}}{\hbar}r$ がのっているので、これをまとめておきましょう。しばしば $\frac{\sqrt{2m|E|}}{\hbar}r$ を2倍した、

$$\rho = \frac{\sqrt{8m|E|}}{\hbar}r \tag{11.50}$$

を定義してシュレーディンガー方程式をまとめていきます。ρ の式 (11.50) を水素原子のシュレーディンガー方程式 (11.46) に代入して整理すると以下のようになります。

$$\frac{d^2 R(r)}{dr^2} + \frac{2}{r}\frac{dR(r)}{dr} - \frac{l(l+1)}{r^2}R(r) + \left(\frac{2me^2}{\hbar^2}\frac{1}{r} + \frac{2mE}{\hbar^2}\right)R(r) = 0$$

$$\left(\frac{d^2 R(\rho)}{d\rho^2} + \frac{2}{\rho}\frac{dR(\rho)}{d\rho} - \frac{l(l+1)}{\rho^2}R(\rho)\right)\frac{8m|E|}{\hbar^2} + \left(\frac{2me^2}{\hbar^2}\frac{\sqrt{8m|E|}}{\hbar}\frac{1}{\rho} - \frac{2m|E|}{\hbar^2}\right)R(\rho) = 0$$

$$\frac{d^2 R(\rho)}{d\rho^2} + \frac{2}{\rho}\frac{dR(\rho)}{d\rho} - \frac{l(l+1)}{\rho^2}R(\rho) + \left(\frac{e^2}{\hbar}\sqrt{\frac{m}{2|E|}}\frac{1}{\rho} - \frac{1}{4}\right)R(\rho) = 0$$

$$\frac{d^2 R(\rho)}{d\rho^2} + \frac{2}{\rho}\frac{dR(\rho)}{d\rho} - \frac{l(l+1)}{\rho^2}R(\rho) + \left(\frac{\lambda}{\rho} - \frac{1}{4}\right)R(\rho) = 0 \tag{11.51}$$

1行目から2行目では変数を ρ に置き換え、かつ $E = -|E|$ を使っています（$E<0$ の束縛状態を考えている）。2行目から3行目では両辺に $\frac{\hbar^2}{8m|E|}$ を掛けています。3行目から4行目ではクーロン項 $\frac{e^2}{\hbar}\sqrt{\frac{m}{2|E|}}\frac{1}{\rho} = \frac{\lambda}{\rho}$ の形になるように

$$\lambda = \frac{e^2}{\hbar}\sqrt{\frac{m}{2|E|}} \tag{11.52}$$

と置きました。このように ρ で表すと、シュレーディンガー方程式 (11.51) は $\rho \to \infty$ では $\frac{d^2 R(\rho)}{d\rho^2} = \frac{1}{4}R(\rho)$ となるので、

$$R(\rho) = e^{-\rho/2} \quad (\rho \to \infty) \tag{11.53}$$

と表されます。ここで、動径波動関数 $R(\rho)$ が第7章で学んだ調和振動子の動径波動関数の式 (7.78) のように、$e^{-\rho/2}(c_0 + c_1 x + c_2 x^2 \cdots)$ と指数関数と整関数の積で表されるとしましょう。つまり、動径波動関数 $R(\rho)$ が整関数 $F(\rho) = c_0 + c_1 \rho + c_2 \rho^2 + \cdots = \sum_{k=0} c_k \rho^k$ を使って、

$$R(\rho) = e^{-\rho/2} F(\rho) \tag{11.54}$$

と指数関数と整関数の積で表されるとします。ただし、遠心ポテンシャルのため動径波動関数は式 (11.49) より $\rho \to 0$ で $R(\rho) \approx A r^l$ であるとの制限から、$r \to 0$ では $e^{-\rho/2} \approx 1$ より $F(\rho) \approx A r^l$ となるので、

$$F(\rho) = \rho^l (a_0 + a_1 \rho + a_2 \rho^2 + \cdots) = \rho^l \sum_{n_r=0} a_{n_r} \rho^{n_r} \equiv \rho^l L(\rho) \tag{11.55}$$

と置くことができます($\equiv$ は定義するという意味の記号)。ここで式 (11.55) で定義された L の満たす方程式を求めるため、波動関数の式 (11.54)、(11.55) をシュレーディンガー方程式 (11.51) に代入すると、

$$\rho \frac{d^2 L}{d\rho^2} + (2l + 2 - \rho) \frac{dL}{d\rho} + (\lambda - 1 - l) L = 0 \tag{11.56}$$

となります。これを L を整関数で表した式 (11.55) における a_n で表すと、

$$\sum_{n_r=0} \left[a_{n_r+1}(n_r + 1)(n_r + 2l + 2) + a_{n_r}(\lambda - n_r - l - 1) \right] \rho^{n_r - 1} = 0 \tag{11.57}$$

となります。これは方程式ですから、全ての ρ についてこの方程式が成り立ちます。そのためには $\rho^{n_r - 1}$ の係数は0が必要です。ここから、

$$a_{n_r+1}(n_r + 1)(n_r + 2l + 2) + a_{n_r}(\lambda - n_r - l - 1) = 0 \tag{11.58}$$

となります。ここで L は ρ の n_r 次式としましょう[*10]。そのためには式 (11.58) における a_{n_r} の係数がゼロ、つまり

$$\lambda = n_r + l + 1 \tag{11.59}$$

を満たせば $a_{n_r+1} = 0$ になり L は ρ の n_r 次式になります。

さて、式 (11.59) の右辺は整数ですから λ も整数になります。そこで、整数であることがわかりやすくなるように $\lambda = n$ と書きましょう。つまり、

[*10] n_r 次式でなく、$n_r \to \infty$ とすると、r が十分大きい所で式 (11.58) から $\frac{a_{n_r}}{a_{n_r-1}} = \frac{n_r + l + 1 - \lambda}{(n_r + 1)(n_r + 2l + 2)} \approx \frac{1}{n_r}$ となるので、和 $L(\rho) \propto e^\rho$ となり発散する。よって n_r は無限大ではなく、有限の数なので、x は n_r 次式とすることができる。

$$n = n_r + l + 1 \tag{11.60}$$

です。nを**主量子数**といいます。n_rはあとでグラフを描きますが、図10.5の説明ででてきた**動径方向の量子数**となっています。

ここで、式 (11.52) より $\lambda = \frac{e^2}{\hbar}\sqrt{\frac{m}{2|E|}}$ であったので、

$$\lambda = n = \frac{e^2}{\hbar}\sqrt{\frac{m}{2|E|}} \tag{11.61}$$

が成り立ちます。ここから $E < 0$ を考慮して両辺を2乗して整理すると、

$$E = -\frac{me^4}{2\hbar^2 n^2} \tag{11.62}$$

が求まりました。これは第1章で紹介した水素型原子のエネルギーの式 (1.25) と同じです！ このようにして波動関数の様子を調べているうちに水素型原子のエネルギーが求まりました！

水素原子のエネルギーをもう少し詳しく調べましょう。

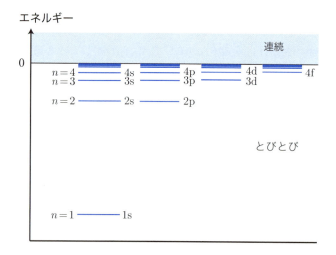

図11.12 水素原子における電子のエネルギー

▶ $n=1$ のとき

式 (11.60) より $n=1=n_r+l+1$ です。ここから $n_r+l=0$ なので $n_r=l=0$ になります。$l=0$ なので s 状態です。この状態 $(n, n_r, l) = (1, 0, 0)$ を 1s などといいます（図参照）。

▶ $n=2$ のとき

式 (11.60) より $n=2=n_r+l+1$ です。ここから $n_r+l=1$ となるので $(n_r, l)=(0, 1), (1, 0)$ が可能です。それぞれ $(n, n_r, l)=(2, 1, 0)$ を 2s、$(n, n_r, l)=(2, 0, 1)$ を 2p といいます（図参照）。

▶ $n=3$ のとき

式 (11.60) より $n=3=n_r+l+1$ です。ここから $n_r+l=2$ となるので $(n_r, l)=(0, 2), (1, 1), (2, 0)$ が可能です。それぞれ $(n, n_r, l)=(3, 0, 2)$ を 3d、$(n, n_r, l)=(3, 1, 1)$ を 3p、$(n, n_r, l)=(3, 2, 0)$ を 3s といいます（図参照）。

与えられた n に対して、式 (11.60) より $l=n-n_r-1$ となるので、角運動量は $0 \leq l \leq n-1$ の値をとることができます。すると $n \geq 2$ の場合、図 11.12 の $n=2, 3, 4\cdots$ のように同じエネルギーに複数の角運動量 $0 \leq l \leq n-1$ の状態があります。

また、式 (11.62) と図 11.12 からエネルギーは n で決まり、軌道の名前はこの n を使って $n\mathrm{s}, n\mathrm{p}, n\mathrm{d}, \cdots$ と表します。この名前の付け方は図 10.9 のように無限に深い井戸型ポテンシャルのエネルギーがそれぞれの角運動量 l でエネルギーの小さい順に 1s, 2s, 3s…や 1p, 2p,…等としている名前の付け方とは異なっているので注意しましょう。例えば図 10.9 には 1p 軌道がありますが、図 11.12 には 1p 軌道はありません。

また、クーロンポテンシャルのエネルギー図 11.12 は原子核の一粒子ポテンシャルとして使われる図 11.10 の無限に深い井戸型ポテンシャルのエネルギー及び有限の深さの井戸型ポテンシャルのエネルギーとは全く異なっていることに注意しましょう。このようにポテンシャルが異なれば、エネルギーの順番は大きく変化します。そのため、物質の性質も大きく変化します。

確認問題 $n=5$のとき、どんな状態があるか？

答え 式(11.60)の$l=5-n_r-1=4-n_r$から$l=0, 1, 2, 3, 4$が可能。よって5s, 5p, 5d, 5f, 5g。

❖クーロンポテンシャルでの波動関数

これまでの議論で、クーロンポテンシャルの動径波動関数は$R(\rho)=e^{-\rho/2}\rho^l(a_0+a_1\rho+\cdots+a_{n_r}\rho^{n_r})$の形になることを学びました。この先、この具体的な関数を求めるのはたいへんな計算が必要ですので、ここでは結果を紹介しましょう。クーロンポテンシャルにおける動径波動関数はラゲールの陪多項式L_{n+l}^{2l+1}とよばれる式が使われます。ここで式L_{n+l}^{2l+1}は、

$$L_{n+l}^{2l+1} = \sum_{k=0}^{n-l-1} (-1)^{k+2l+1} \frac{(n+l)!(n+l)!}{(n-l-1-k)!(2l+1+k)!k!}\rho^k \quad (11.63)$$

と表されます。そして動径波動関数は最終的に、

$$R_{nl}(\rho) = -\sqrt{\frac{4(n-l-1)!}{n^4 a^3 [(n+l)!]^3}}\, e^{-\rho/2} \rho^l L_{n+l}^{2l+1}(\rho) \quad (11.64)$$

と表されることが知られています。これは大変複雑ですので、この動径波動関数の比較的重要な所だけ押さえておきましょう。まず、$\rho=\frac{\sqrt{8m|E|}}{\hbar}r$を第1章で学んだ水素原子の半径の目安であるボーア半径$a=\frac{\hbar^2}{me^2}$を使って表しておきましょう。すると$|E|=\frac{me^4}{2n^2\hbar^2}$をつかって、

$$\begin{aligned}\rho &= \frac{\sqrt{8m|E|}}{\hbar}r = \frac{\sqrt{8m}}{\hbar}\sqrt{\frac{me^4}{2\hbar^2 n^2}}r \\ &= \frac{2me^2}{\hbar^2 n}r \\ &= \frac{2}{na}r \quad (11.65)\end{aligned}$$

となります。すると動径波動関数$R(\rho)$の指数部は$e^{-\frac{\rho}{2}} = e^{-\frac{r}{na}}$となります。このボーア半径$a = \frac{\hbar^2}{me^2}$を使って$n, l$が小さい場合の動径波動関数を具体的に表すと、

$$\begin{cases} 1s & R_{10}(r) = 2(\frac{1}{a})^{3/2} e^{-\frac{r}{a}} & (11.66a) \\[6pt] 2s & R_{20}(r) = (\frac{1}{2a})^{3/2}(2 - \frac{r}{a}) e^{-\frac{r}{2a}} & (11.66b) \\[6pt] 2p & R_{21}(r) = (\frac{1}{2a})^{3/2} \frac{r}{\sqrt{3}a} e^{-\frac{r}{2a}} & (11.66c) \\[6pt] 3s & R_{30}(r) = \frac{2}{3}(\frac{1}{3a})^{3/2}(3 - \frac{2r}{a} + \frac{2r^2}{9a^2}) e^{-\frac{r}{3a}} & (11.66d) \\[6pt] 3p & R_{31}(r) = \frac{2\sqrt{2}}{9}(\frac{1}{3a})^{3/2}(\frac{2r}{a} - \frac{r^2}{3a^2}) e^{-\frac{r}{3a}} & (11.66e) \\[6pt] 3d & R_{32}(r) = \frac{4}{27\sqrt{10}}(\frac{1}{3a})^{3/2} \frac{r^2}{a^2} e^{-\frac{r}{3a}} & (11.66f) \end{cases}$$

となります。これを図示すると、次のページの図11.13のようになります。

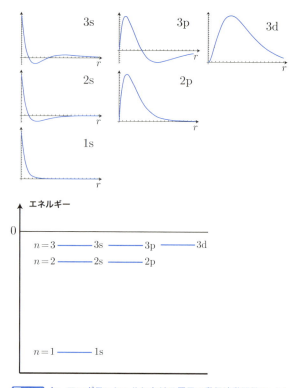

図11.13 クーロンポテンシャルにおける電子の動径波動関数 $R_{nl}(r)$

　波動関数は1s, 2s, 3sもしくは2p, 3pをみるとわかるように、同じ角運動量ではnが増えるに従い節の数（波動関数の符号が変わる数）が増えています。ここで節の数は式（11.60）から求まる$n_r = n-l-1$で一致しています。例えば$l=0$の場合、$n=1, 2, 3$に対して$n_r = 0, 1, 2$ですが、1s, 2s, 3sのグラフをみるとたしかに節が0, 1, 2個になっています。ここからn_rを図10.5の説明に出てきた動径方向の量子数とみなせることがわかります。

確認問題 4s, 4d状態の節の数は？

答え 4s　$n_r = 4-0-1 = 3$なので3個。
　　　　4d　$n_r = 4-2-1 = 1$なので1個。

参考のため、1次元シュレーディンガー方程式と比較しやすい $u_{nl} = rR_{nl}$ のグラフは次のようになります。

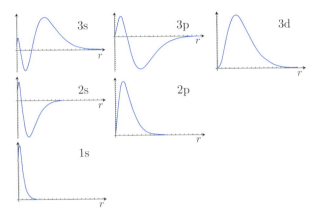

図11.14 クーロンポテンシャルにおける電子の動径波動関数 rR_{nl}

節がより見やすくなっています。

❖縮退度

図11.12のように、クーロンポテンシャルの解は同じエネルギーに複数の角運動量の状態があります。このとき、縮退数を調べましょう。

主量子数 n に対して、式(11.60)より l の取りうる範囲は $0 \leq l = n - n_r - 1 \leq n-1$ であり、軌道角運動量 l の縮退度は $2l+1$ なので、主量子数 n の状態におけるクーロンポテンシャルの解の状態の数（縮退度）は、

$$\sum_{l=0}^{n-1}(2l+1) = \frac{(1+2n-1)n}{2} = n^2 \tag{11.67}$$

となります。ここで電子スピンを考慮すると、スピン上向き、下向きの2通りあるので状態数は2倍され、

$$\sum_{l=0}^{n-1}2(2l+1) = 2\frac{(1+2n-1)n}{2} = 2n^2 \tag{11.68}$$

となります。主量子数nが小さいとき、具体的な縮退度は表のようになります。

主量子数 n	角運動量	状態の数（スピン含む）
1	1s	2
2	2s, 2p	$2(1+3)=8$
3	3s, 3p, 3d	$2(1+3+5)=18$

表11.3 クーロンポテンシャルの解の縮退度（スピン含む）

❖水素原子型の原子と周期表

以上で原子のしくみを説明する準備が整いました。比較的電子数が少ない原子は、簡単な近似として水素型のクーロンポテンシャルで表されると近似します。電気を帯びていない中性原子では「電子の数＝陽子の数」と簡単になるので、以下、中性原子の場合の電子の様子を調べましょう。

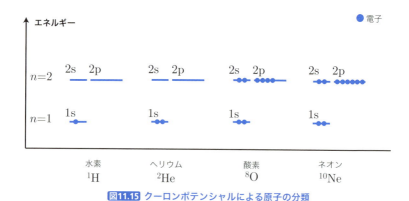

図11.15 クーロンポテンシャルによる原子の分類

まず、水素は図のように1s軌道に電子が1個あります。次にヘリウムを考えますが、スピンを考慮すると1s軌道には2つの状態があることから図のようにヘリウムは1s軌道に入ります。1s軌道をK殻といいます。

元素	原子番号	K殻 ($n=1$)	L殻 ($n=2$)			...
		1s	2s	2p	3s	...
水素 (H)	1	●				
ヘリウム (He)	2	●●				
リチウム (Li)	3	●●	●			
ベリリウム (Be)	4	●●	●●			
ホウ素 (B)	5	●●	●●	●		
炭素 (C)	6	●●	●●	●●		
窒素 (N)	7	●●	●●	●●●		
酸素 (O)	8	●●	●●	●●●●		
フッ素 (F)	9	●●	●●	●●●●●		
ネオン (Ne)	10	●●	●●	●●●●●●		
ナトリウム (Na)	11	●●	●●	●●●●●●	●	
マグネシウム (Mg)	12	●●	●●	●●●●●●	●●	

表11.4 原子と電子軌道。●は電子を表す

　$n=2$の状態は式 (11.68) より $2\cdot 2^2=8$ 個あります。つまり、8個電子を入れることができます。リチウムからネオンまでは表11.4のように$n=2$の軌道（L殻といいます）に電子が1つずつ入ります。ネオンのあとのナトリウム、マグネシウムは$n=3$の状態に電子が入っています。

　さて、高校時代などに学ぶ周期表ではヘリウムやネオンは安定な状態でした。これは表11.4を見ると、ヘリウムは$n=1$(K殻)、ネオンは$n=2$(L殻)の軌道が完全に詰まった状態です。軌道が完全に詰まった状態を閉殻といい、安定になることが知られています。このようにして簡単なクーロンポテンシャルモデルで周期表における安定な原子が説明できるなど、原子の安定性の基本的な傾向が理解できました。

章末確認問題

1. 無限に深い井戸型ポテンシャルの解はどんな関数で書かれるか？
2. 電子や陽子が持つスピンの大きさは？
3. クーロンポテンシャルにおいて、主量子数nの状態の縮退度はスピンを含めていくつか？　また、基底状態から主量子数nの状態まで、何個の状態があるか？
4. 無限に深い井戸型ポテンシャルの状態をエネルギーの低い順に3個書け（ヒント：一番エネルギーが低い状態は1s）。
5. 酸素原子核を無限に深い井戸型ポテンシャルの解を用いて表すと、8個の陽子はどんな状態（軌道）にあるか？
6. クーロンポテンシャルのエネルギーをエネルギーの低い順に3個書け（ヒント：一番エネルギーが低い状態は1s）。
7. 酸素原子をクーロンポテンシャルの解を用いて表すと、8個の電子はどんな状態（軌道）にあるか？　また、この結果を先の問題5の結果と比較せよ。

参考文献

[1] Introduction to Quantum Physics（M.I.T. Introductory Physics Series），A.P.French, W.W.Norton & Co.,Inc.(1978)

[2] 量子力学 1（KS 物理専門書）、猪木慶治、川合光著、講談社（1994）

[3] 現代の量子力学（上）第 2 版（物理学叢書）、J.J. サクライ、J. ナポリターノ著、桜井明夫翻訳、吉岡書店（2014）

[4] 学んでみると量子論はおもしろい（BERET SCIENCE）、 牟田淳著、ベレ出版（2012）

[5] 偏微分方程式―科学者・技術者のための使い方と解き方―、スタンリー・ファーロウ著、伊理正夫、伊理由美訳、朝倉書店（1996）

[6] The Principles of QUANTUM MECHANICS, P.A.M.Dirac、みすず書房　第 4 版、リプリント版（1963）

[7] 量子力学（上）(物理学叢書（2））、シッフ著、井上健翻訳、吉岡書店新版（1970）

[8] ファインマン物理学 5 量子力学、ファインマン著、砂川重信翻訳、岩波書店（1986）

章末確認問題の解答

1章
1. 光電効果、コンプトン効果。本文1.1節参照
2. 1.2節ボーアの仮説参照
3. 1.3節ボーアの量子化条件と物質波参照

2章
1. 式 (2.11)　2. 式 (2.17)　3. 式 (2.20)　4. 式 (2.33)

3章
1. 例えば3.4節の内容そのもの　2. 式 (3.6)

4章
1. $800, 1200, 1600 \cdots$ Hz の 400Hz の倍音
2. 式 (4.69) より、$400\sqrt{\frac{5}{2}}, 400\sqrt{\frac{8}{2}} \cdots$ Hz の倍音
3. 式 (4.38)

5章
1. 式 (5.23)、式 (5.26)　2. 式 (5.31)　3. 図5.2
4. 式 (5.47)　5. 式 (5.41)

6章
1. (a) 式 (6.21)　(b) 図6.3　(c) 図6.5　(d) $<x> = \frac{a}{2}, <p> = 0$
   (e) 式 (6.76) で $n=1, m=2$ とおけばよい
2. 式 (6.74)
3. $H = -\frac{\hbar^2}{2m}\frac{d^2}{dx^2} + V(x)$, 式 (6.58)
4. 式 (6.47), $e^{i\frac{p}{\hbar}x}$

5. 発展　シュレーディンガー方程式と運動方程式の関係を参照

7章
1. 図7.3　　2. 式 (7.35)　　3. 図7.11　　4. 式 (7.78b)

8章
1. 式 (8.4)　　2. 式 (8.29)　　3. 式 (8.25)

9章
1. 参考　式 (9.15) の計算を見よ　　2. 式 (9.41), 式 (9.42)
3. 図9.7　　4. 式 (9.62)

10章
1. 2乗、$l(l+1)$、ウ、m　　2. 式 (10.61)、式 (10.62)
3. 式 (10.60)　　4. $(2l+1) = 6+1 = 7$

11章
1. 式 (11.30)
2. $\frac{1}{2}\hbar$　(正確には注5にあるとおり $\sqrt{\frac{1 \cdot 3}{2 \cdot 2}}\hbar = \frac{\sqrt{3}}{2}\hbar$)
3. 式 (11.68)、$\sum_{1}^{n} 2k^2 = \frac{1}{3}n(n+1)(2n+1)$
4. 1s, 1p, 1d
5. 1s, 1p
6. $n=1$ のとき 1s　$n=2$ のとき 2s, 2p　$n=3$ のとき 3s, 3p, 3d
7. 1s, 2s, 2p
   問題5と比較すると、原子核では1s, 1pであり、原子では1s, 2s, 2pと軌道が異なっている。

索 引

ア行

アルファ崩壊	184
位置エネルギー	32
井戸型ポテンシャル	97, 166
運動エネルギー	32
運動方程式	30
運動量	30
運動量演算子	129
エーレンフェストの定理	147
エネルギー	32
エネルギー演算子	130
演算子	128
遠心ポテンシャル	99
遠心力	100

カ行

外積	102
角運動量	20, 99, 226
角運動量演算子	227
角振動数	37
確率解釈	47
核力	96
規格化	53, 118
規格直交性	138
期待値	122
基底状態	117, 172
軌道角運動量	269
球ノイマン関数	260
球ハンケル関数	275
球ベッセル関数	260
球面調和関数	235
境界条件	72
共役複素数	53
極座標	201
クーロンポテンシャル	95, 168
クーロン力	21
クロネッカーのデルタ	139
交換関係	137
光子	12
光電効果	10
固有関数	132
固有値	132
コンプトン効果	14

サ行

磁気量子数	230
仕事関数	12
自由粒子	39, 88, 256
縮退	141, 199
主量子数	282
消滅演算子	170
初期条件	73
振動数	9
水素原子	278
生成演算子	170
ゼロ点振動	120

前期量子論	16
束縛状態	109

タ行

対称性	212
多体問題	270
調和振動子ポテンシャル	97, 169
定在波	68
電子スピン	267
透過率	187
トンネル効果	184

ナ行・ハ行

ナブラ	34
ニュートンの運動の法則	31
倍音	60
パウリの排他律	272
波数	37
波長	8
波動方程式	37
ハミルトニアン	131
パリティ	142
バルマー系列	18
非束縛状態	109
微分方程式	64
フェルミ粒子	271
複素共役	53
複素数	52
符号付き面積	102
フックの法則	97
物質波	25
物理量	122
プランク定数	12
変数分離	197
変数分離法	69
ボーアの仮説	19
ポテンシャルエネルギー	32
ポテンシャル障壁	184

ヤ行・ラ行

ヤングの実験	44
ラプラシアン	204
量子化条件	20
励起状態	117, 174
連続状態	223

Profile

牟田 淳（むた あつし）

1968年生まれ。東京大学理学部物理学科卒業。同大学院理学系研究科物理学専攻博士課程修了、理学博士。現在、東京工芸大学芸術学部基礎教育課程准教授。

芸術学部に所属する理学系教員として、同大学でアートと数学、サイエンスのコラボを目指す。

趣味は旅行。最近はほぼ毎年南の島に旅行し、昼はきれいな海で魚と泳ぎ、夜は天の川などの天体観測や天体撮影を満喫している。

著書に『アートのための数学』『宇宙と物理をめぐる十二の授業』『デザインのための数学』『あかりと照明のサイエンス』『アートを生み出す七つの数学』（以上オーム社）『学びなおすと物理はおもしろい』『学んでみると量子論はおもしろい』（以上ベレ出版）『「美しい顔」とはどんな顔か』（化学同人）。

本書へのご意見、ご感想は、技術評論社ホームページ（http://gihyo.jp/）または以下の宛先へ、書面にてお受けしております。電話でのお問い合わせにはお答えいたしかねますので、あらかじめご了承ください。

〒162-0846　東京都新宿区市谷左内町21-13
株式会社技術評論社　書籍編集部
『身につく シュレーディンガー方程式』係
FAX：03-3267-2271

●ブックデザイン：小川 純（オガワデザイン）
●本文DTP・図版：水口紀美子（ニュートーン）

身につく シュレーディンガー方程式（ほうていしき）

2015年 1月25日　初版　第1刷発行
2024年10月10日　初版　第3刷発行

著　者　牟田 淳（むた あつし）
発行者　片岡 巌
発行所　株式会社技術評論社
　　　　東京都新宿区市谷左内町21-13
　　　　電話　03-3513-6150　販売促進部
　　　　　　　03-3267-2270　書籍編集部
印刷／製本　日経印刷株式会社

定価はカバーに表示してあります。

本の一部または全部を著作権の定める範囲を超え、無断で複写、複製、転載、テープ化、あるいはファイルに落とすことを禁じます。
造本には細心の注意を払っておりますが、万一、乱丁（ページの乱れ）や落丁（ページの抜け）がございましたら、小社販売促進部までお送りください。送料小社負担にてお取り替えいたします。

©2015　Muta Atsushi
ISBN978-4-7741-7060-2 C3042
Printed in Japan